Die Physik und das komplexe Leben

Christian Hermenau

Inhaltsverzeichnis

1	Die Physik scheitert am Leben	7
2	Komplexität und Emergenz	11
3	Die Welt als Ganzes	15
4	Fremde Komplexitäten	19
5	Das Genom	23
6	Das Leben	25
7	Die Emergenz	31
8	Komplex vernetzte Systeme	35
9	Zeit und Emergenz	41
10	Zeitdehnung	45
11	Atome und die Langeweile	49
12	Der Wunsch der Materie	55
13	Determinismus und Freiheit	61
14	Der Gravitationsstrom	65

15 Körperzellen als bewusste Einheiten   69

16 Der Raum als emergente Größe   73

17 Die Netzwerke   79

18 Die Elemente   85

19 Denkende Netzwerke   91

20 Die Fusion   97

1 | Die Physik scheitert am Leben

Unsere einsame Erde ist vielleicht etwas ganz Gewöhnliches. Sie ist nur einer von acht Planeten, der sich um eine von vielen Sonnen dreht. Von den Sonnen finden sich viele, viele Milliarden nur in unserer Milchstraße, doch nicht genug gibt es noch Weitere viele Milliarden von solchen Galaxien. Sie sind so zahlreich, dass sie nur geschätzt werden können. Die Erde scheint ein Nichts in den Unmengen der Planeten, Sterne und Monde in den Weiten des Universums zu sein. So lächerlich winzig, so unbedeutend angesichts der unbeschreiblichen Fülle von Objekten in einem schier endlos großen Raum. Ein Raum, der so unbegreiflich riesig ist, dass wir ihn wohl nie durchschreiten können.
Schon nur unseren nächsten Nachbarn den Mars besuchen zu wollen, stellt eine fast nicht zu lösende Herausforderung dar. Alle anderen Planeten oder Monde in unserem Sonnensystem werden wir wohl nie bereisen, geschweige denn unsere Nachbarsonnen besuchen können. Denn warum sollten wir zig tausende von Jahren durch den dunklen Raum fliegen, nur um auf eine schwach leuchtende Sonne zu treffen, um die herum es zwar Planeten gibt, die aber alle unbewohnbar sind. Auf denen es vielleicht mikrobielles Leben gibt, was dann aber so primitiv ist, dass uns allein der Gedanke daran graust, dieser Planet könnte das Ziel der Reise sein.

' Es gibt in unserer unmittelbaren Nachbarschaft kein höheres, geschweige denn intelligentes Leben. Nicht weil die Sonnensysteme dort keine Planeten hätten, nein Planeten wird man dort wahrscheinlich auch finden, doch reicht es nicht, dass es Gasriesen ohne feste Oberfläche sind, ähnlich dem Jupiter. Auch Zwerg, Sonnen, wie unsere Nachbarsonnen kommen nicht in Frage. Sie geben so wenig Licht ab, dass die möglichen Gesteinsplaneten viel zu nahe an ihrem unberechenbaren Muttergestirns ihre Bahnen ziehen müssten, um genügend Wärme abzubekommen. Oder auch Mehrfachsysteme, die viel zu unsichere Planetenbahnen nach sich ziehen, kommen nicht in Frage. Wichtige Grundvoraussetzungen fürs Leben, wie flüssiges Wasser, ein Magnetfeld, eine Eigenrotation, eine leichte Schrägstellung und vieles mehr würden dann fehlen.

So gewöhnlich wir doch angesichts der Fülle an Objekten im Universum scheinen, so außergewöhnlich sind wir doch auch auf der anderen Seite. Die Erde ist ein Nichts und doch ist sie Alles!
Sie ist so außergewöhnlich, dass wir das Unbegreifliche an ihr spüren und mit nur einem einzigen Begriff, dem Wort „Gott", beschreiben wollten, kaum dass wir die ersten Stufen unseres beispiellosen Aufstiegs erklommen. Mit den Anfängen des Bewusstseins für die Schöpfung befiel uns auch gleich eine tiefe Religiosität. Tatsächlich glauben wir heute nicht daran, dass es noch viele andere große Götter gibt. Götter, die genauso zahlreich wie Planeten mit hoch entwickeltem Leben sind. Wir glauben noch nicht einmal daran, dass so ein einziger allmächtiger Gott, ständig unerreichbar irgendwo in den Weiten des Universums sich befindet, sondern wir glauben, dass

er nur hier bei uns auf der Erde ist – dass wir seine wahren göttlichen Geschöpfe sind.
So einzigartig fühlen wir uns auf der Erde. Gleichzeitig so einsam, so verlassen, unerreichbar für andere Wesen und doch sind wir da. Auf diesem kleinen Himmelskörper findet sich in der endlosen Ödnis eine Oase von so unbeschreiblicher Lebendigkeit. Hier explodiert das Leben, ist Leben das Gewöhnlichste von der Welt. Es kriecht und fleucht, es fliegt und krabbelt mal groß, mal klein. Jede Nische, die sich anbietet, wird von Tieren, von Pflanzen und immer von Mikroben besetzt. Lebt man auf der Erde, ist man ein Teil von ihr, dann erstaunt es einen nur, warum es das alles woanders nicht geben soll. Wie kann denn so etwas Gewöhnliches wie Lebewesen oder Pflanzen nur hier auf der Erde existieren, um uns herum wächst und gedeiht es doch so mühelos!
Tatsächlich sieht es umgekehrt so aus, dass intelligentes Leben, höheres Leben wohl extrem selten ist und unsere Wirklichkeit nicht die Realität im Rest des Universums widerspiegelt. Wir wissen es nicht genau, doch wissen wir sehr wohl, dass es bisher noch nicht den kleinsten Kontakt oder Hinweis von höherem Leben im Universum gibt. Noch stehen wir trotz der immensen Anzahl an Sonnen und möglichen Planeten um uns herum als einzigartig dar. Und das muss einen nicht wundern, denn beschäftigt man sich ernsthaft mit den Bedingungen, die für höheres Leben nötig sind, dann sehen die Chancen, dass es viele Erden mit vielen intelligentem Leben darauf gibt, sehr schlecht aus. Auch wenn wir uns dabei immer an unserer Erde orientieren, scheinen die Möglichkeiten, irgendwie höheres komplexes Leben allgemein zu erschaffen, doch sehr eingeschränkt zu sein. Vielleicht

will oder würde höheres Leben gerne an vielen Stellen entstehen, doch sind die Herausforderungen viel gewaltiger, viel besonderer als gedacht. Es reichen dafür auf keinen Fall nur viele Sonnen und noch mehr Planeten. Leben ist keine Frage der Statistik.

Leben ist rätselhaft und besonders und gäbe es die Erde nicht, würden wir nicht daran glauben, dass es überhaupt möglich ist. Dass es prinzipiell möglich sein kann, ohne fremdes Zutun, aus sich heraus, egal mit wie viel Material an Raum und Zeit ausgestattet, es sich jemals entwickeln würde. Wir haben die Physik und die Sprache der Physik ist die Mathematik. Wir meinen auch, weil die Formeln und Gleichungen auf Abstraktionen fußen, auf allgemeingültigen Gesetzen und Konstanten, wären sie von universeller Natur. Gäbe es die Erde nicht, die Physik und die Mathematik wären tatsächlich das einzige und wahre Instrument, um die Natur zu beschreiben. Das Universum wäre dann vollständig berechenbar. Doch es gibt nicht nur Leben, nicht nur höheres Leben, sondern auch ein intelligentes, bewusstes Leben. Und selbst wenn dieses Leben nur ein einziges Mal verwirklicht worden wäre, dann müssten wir diese Tatsache mit einbeziehen, doch das tut die Physik nicht, kann sie auch gar nicht. Physik scheitert am Leben. Sie scheitert nicht, weil sie nicht allgemein genug ist oder die Formeln nicht abstrakt genug sind, sondern sie scheitert schlicht an der Komplexität dieser Welt.

2 Komplexität und Emergenz

Alles auf der Erde ist komplex angelegt. Auf der Erdoberfläche können wir sogar fast die Komplexität mit der Lebendigkeit gleichsetzen. Man bekommt hier auf der Erdoberfläche schnell den Eindruck, dass Komplexität, also lebendige Materie, auch immer automatisch emergent ist. Dass die Summe der einzelnen Bausteine viel mehr ist, auch ohne eine steuernde, gestalterisch wirkende höhere Instanz. Dem ist nicht so. Nach den herkömmlichen physikalischen Gesetzen, aber auch im analytischen Aufbau der Mathematik, steckt kein wie auch immer gearteter Mechanismus der quasi automatisch, komplex vernetzte Bauteile auf immer höhere Niveaus katapultiert. Dinge miteinander in hohem Maß zu vernetzen alleine heißt noch nicht, dass es zu einer Weiterentwicklung kommt. Was wir um uns herum beobachten, dürfte eigentlich nicht sein, dürfte es so nicht geben. Wenn das Leben erst mal da ist, vielschichtig und ausgefeilt und dabei selbsttätig ablaufend, dann sehen wir sehr deutlich, dass es funktioniert und zwar anscheinend aus sich heraus, ohne fremdes Zutun und dennoch allzu gut. Aber wie kam es dazu, was ist der Initialfunke, wer der Konstrukteur?
Brauchen wir nicht doch einen Erbauer, ein Architekt des Lebens? Ist es nicht eine Illusion, dass wir ohne einen Schöpfer auskommen?

Alle höher entwickelten Wesen haben einen Zellkern. In ihm liegt das Genom, auf dem der gesamte Bauplan, alle Anlagen gespeichert sind. Jede einzelne Zelle hat eine Kopie davon. Ein Mensch oder ein Tier und auch die Pflanzen entwickeln sich, indem sie den Gen-Code, also den Bauplan des Lebens ablesen und daraus z.B. einen Menschen durch eine permanente Teilung zusammensetzen, besser gesagt der Mensch zusammengesetzt wird. Er teilt sich nicht als Ganzes, es löst sich nicht plötzlich eine Kopie von uns ab, sondern er entwickelt sich, es wächst, spezialisiert und differenziert sich aus. Zeitweilig in einem exponentiellen Wachstum, so als wenn das Ganze genau wüsste was es tut. Leben entsteht, es entsteht immer und immer wieder. So kompliziert wie wir auch aufgebaut sind, so mühelos scheint sich immer wieder das Wunder des Schöpfungs-Aktes zu verwirklichen. Doch nicht genug damit, entstehen nicht kleine Roboter oder eben nur Kopien von uns, sondern so ein kleiner Mensch ist dann viel mehr als nur die Summe seiner Zellen oder die Masse aller Atome. Er ist eigenständig, er ist ein eigens Wesen von Anfang an. Alle Bauteile sind von Anfang an lebendig und sie arbeiten von Anfang an zusammenarbeiten an etwas höherem, einer höheren Einheit. Jede Zelle die nicht am Ganzen mitwirkt wird wieder entfernt, hat keine Lebensberechtigung. Brutal und gnadenlos. Alle unsere Bestandteile sind lebendig und arbeiten zusammen.

Außerdem fällt auf, dass anscheinend der Lebensfaden von Anfang an durchgängig im Leben mit dabei gewesen sein muss. Es darf keine Unterbrechung geben, sonst ist Schluss. Ohne Nachfahren bricht für dieses Individuum die Kette ab und das weitere Leben ist zu Ende. Aber

für uns, die wir jetzt in diesem Moment leben, scheint es nur eine Person zu geben: Eine, nicht viele. Wir fühlen uns in einem Höchstmaß emergent, besonders und einmalig, aber woher kommt nun diese Emergenz, ist sie die Seele des Lebens?
Geht es nur über etwas unbekanntes, außergewöhnliches?

Wäre der Mensch analytisch aufgebaut müssten sich tote Atome und Moleküle nur in der richtigen Reihenfolge vernetzen. Würde man versuchen, so etwas steril im Labor ablaufen zu lassen, es würde nicht funktionieren. Nicht auf der hohen Stufe der Komplexität, wie sie beim Menschen erreicht wurde.
Wenn die Moleküle selber keinen Lebensfunken mitbringen, sie nur so chemisch funktionieren und nichts darüber hinaus an Besonderen an sich haben, könnte sich daraus etwas wie der Aufbau eines Menschen entwickeln, aber er würde nicht leben. Nur die rein wissenschaftlich betrachtete Gensequenz beinhaltet noch nichts höher Lebendiges - ein nur richtig umgesetzter Bauplan auch nicht. Wenn also aus dem Fötus ein Mensch werden soll, so wie wir ihn kennen, müssen alle Bestandteile und muss die Umgebung in der er wächst mehr sein. Das was wir als Emergenz erleben, das was uns innerlich erschauern lässt muss schon in den Elementen mit als Keim drinstecken. Und selbst wenn die Umsetzung des Organismus aus der Gensequenz wirklich ohne Umwelt funktionieren würde, so wie wir uns das technisch vorstellen - ein Bauplan und nach dem werden die Bauteile zusammengesetzt - so bleibt immer die Frage bestehen, wer denn diesen Bauplan aufgestellt hat. In dieser Form, hier Bauplan, dort fertiges Produkt, wäre es si-

cherlich unmöglich so etwas durchdacht zu entwickeln und dann noch als Höhepunkt soll sich das Alles ganz aus sich heraus von selbst entwickelt haben. Möglichst sogar mit wirklich freien unberechenbaren Teilchen. Hier zeigt einem spätestens zum Glück die Statistik, dass dies bei aller Euphorie unmöglich ist. So, von oben nach unten das Leben betrachtet und verstanden und von unten nach oben aus sich selbst heraus verwirklicht würde es einfach nicht funktionieren. Es mag sein, dass bei unendlich vielen Universen auch statistisch eins dabei wäre, dass dann alle günstigen Bedingungen zufällig erfüllt, doch ist dieser Ansatz ähnlich unbefriedigend, wie hinzugehen und einen allmächtigen Gott anzunehmen. Ob allmächtig oder unendlich, wo liegt da der Unterschied!

Nur mal angenommen, es gibt doch eine Erklärung dafür, wieso hochkomplexe Wesen aus sich selbst heraus entstehen können und die Anfangsbedingungen dazu sind sehr speziell, aber übersichtlich und machbar. Dann müssten wir schon lange genug auf so ein Universum warten, denn auch wenige günstige Bedingungen bei sehr vielen Möglichkeiten sind nur selten. Wie auch bei nur 6 aus 49, also zwei durchaus kleine Zahlen, sind die Chancen verschwindend gering, den Hauptgewinn zu erhalten. Aber wenige einfache Grundbedingungen, die dennoch zu solchen Erfolgen führen, sind überzeugender, als alles im Vagen zu lassen.

3 Die Welt als Ganzes

Wir müssen die Grundmechanismen allen Lebens finden. Und so wie die Dinge stehen, werden sie allesamt nur als komplexes Ganzes zu verstehen sein. Einfache und einfachste Bausteine, die dennoch in ihrer Komplexität funktionieren. Wir können Teile vom Ganzen analysieren und scheinbar allgemeingültige mathematische Formeln darauf anwenden, um ein grobes Gesamt Muster zu erhalten, eine Grundstruktur auf der alles basiert, die aber nicht die eigentliche Wirklichkeit dahinter korrekt beschreibt. Denn sie ist anscheinend immer komplex und wird durch jede analytische Beschreibung trivialisiert. Sie muss eigentlich hochkomplex und doch in ihren Elementen extrem einfach sein. Nur dann kann sie überzeugen, nur dann können wir uns vorstellen, dass höheres Leben aus dem Nichts von selbst entstand.
Wollen wir die Welt als Ganzes mit ihrem Unfassbaren verstehen, müssen wir sie auch als Ganzes behandeln und sie nicht zerlegen, als wäre sie nur extrem kompliziert, so wie ein aufwändiges Uhrwerk. Die Besonderheit höheren intelligenten Lebens liegt in der Komplexität des Ganzen. Nicht der Aufbau jeder einzelnen Nervenzelle macht das Gehirn so einzigartig, sondern das Zusammenspiel im Ganzen. Eine Nervenzelle zu untersuchen und alle Teile darin zu verstehen, ist kompliziert und braucht viele moderne Mess- und Untersuchungs-

instrumente. Die Analyse der Zelle wird uns aber nicht das Geheimnis des Lebens dem Wesen der Lebendigkeit verraten. Oder sie tut es genauso wie jede andere gewöhnliche lebendige Zelle, aber nicht isoliert, sondern im Netzwerk des Ganzen. Um wirklich komplexes Leben verstehen zu können, müssen wir es uns als Ganzes ansehen, es in seiner Einheit betrachten. Die Zellen im ganzen Verband bei der Arbeit. Wir müssen nach den entscheidenden Knoten suchen, nach Musterbildungen, Regelmäßigkeiten und Wiederholungen. Nach Selbstähnlichkeiten, welche nicht nur auf einen Organismus beschränkt bleiben, sondern typische Mechanismen offenbaren, die wir immer wieder auch bei ganz anderen Netzwerken finden. Um eine so hohe Komplexität verstehen zu können, müssen wir radikaler sein. Wir müssen Ähnlichkeiten im Lebendigen auf Strukturen der unbelebten Natur übertragen. Die Zeit entschleunigen oder beschleunigen, aus den Lebewesen etwas Zauber herausnehmen - sie etwas nüchterner betrachten und die unbelebte Natur beleben. Ihr mehr an außergewöhnlichem zugestehen als wir es in unserer Arroganz einer sicheren Überlegenheit ihr gegenüber tun.

Materie, selbst tote Massen sind mehr, viel mehr. Auch unbelebte Materie muss schon viel mehr als gedacht sein oder wir verstehen das Leben nicht. Gäbe es im ganzen Universum kein Leben, dann würden die physikalischen Gesetze stimmen oder bescheidener, die Art der Methodik genau passend zur Natur sein und die Mathematik wäre dann die einzige Sprache, die alles erklären kann. Nun, es gibt jedoch uns denkende Menschen.

Noch wissen wir zwar von keiner einzigen anderen Lebensform außerhalb der Erde. Wir haben nicht den kleinsten Beleg, dass es außerhalb der Erde in den gewaltigen Dimensionen von Raum, Zeit und Masse noch andere Lebendigkeit gibt, sich finden lässt, und doch sind wir da. Gäbe es nur uns und sonst nichts in diesem gewaltigen Universum, könnte man uns als Größe mathematisch statistisch vernachlässigen. Überall funktionieren die Gleichungen und Formeln der Abstraktion, nur eben nicht an einer winzigen Stelle im Weltall. Ein einziger Ort, der so klein und wenig ist, dass er, streng nach dem wissenschaftlichen Vorgehen, auch getrost mit guten wissenschaftlichen Gründen vernachlässigt werden kann. Doch hier zeigt sich der Widerspruch, die Schwäche in der Physik und der Mathematik, ihre Vorgehensweise. Denn selbst wenn eine Erde mit ihren Lebensformen nur ein einziges Mal verwirklicht worden wäre, ändert dies alles. Wir müssen dann eine Erklärung finden, die auch uns mit beinhaltet. Das genau gelingt uns mit der Physik nicht. Hier versagt der methodische Ansatz. Eine Art, die überall scheinbar zu den richtigen Vorhersagen führt, sich aber nicht auf das Leben übertragen lässt.

Wir sind komplex angelegt, bestehen nicht aus nur einer Zelle, sondern aus dem Zusammenspiel der Vielen. Die gesamte Erde ist komplex vernetzt, würde nicht funktionieren, wenn man auch nur einen Teil, wie die Luft oder das Wasser weg lässt. Alles scheint auf der Erde wichtig und im richtigen Maß fein aufeinander abgestimmt zu sein. Wenn aber komplexes Denken, das einzelne bewusste Handeln, welches wir alle als nur eine einzige geschlossene Persönlichkeit empfinden, wenn dieses Gefühl nur aus der Vielheit entsteht, niemals alleine existieren kann, dann wird es wohl, übertragen, auch andere größere und kleinere Strukturen geben, die sich als nur eine Einheit empfinden. Es wird Präsidenten und Herrscher geben, die das Gefühl haben ein Land zu regieren und dabei mehr zu sein, die Macht als Emergenz zu spüren. Etwas das so viel großartiger ist als nur seinen Körper beeinflussen zu können. Große vielleicht sogar geostrategische Dinge lenken zu können, obwohl dies nur die hierarchischen Strukturen unter ihnen tun. Bei diesem Beispiel befinden wir uns im Lebendigen und bei uns selber, im Leben der Menschen. Hier können wir es noch leicht nachvollziehen und die Akzeptanz, das Verstehen ist hoch. Das Beispiel ist natürlich schlecht gewählt, da wohl nur die wenigsten so viel Macht haben oder je haben werden. Wie soll man da nachvollziehen, dass auch die Macht ein Emergenz Prozess ist. Doch fällt allgemein auf wie Macht, besonders viel Macht, die Menschen verändert und wie stark auch unser Menschenleben schwarmintelligent angelegt ist. Eine Königin und viele Arbeiter und Helfer und das Ganze funktioniert trotz der vielen Individuen überaus effektiv. Wie effektiv sieht man an der technischen und jetzt an der digitalen Revolution, aber auch an den Kriegen und Zerstörungen.

4 Fremde Komplexitäten

Wir wollen jedoch noch viel mehr, viel allgemeinere Emergenzen finden. Emergenz Verhalten, die längst nicht so deutlich und überzeugend sind, die es aber nach unserer Ansicht geben muss, wenn wir Leben ohne einen Gott erklären wollen. Größere Strukturen, wie große Sternensysteme, die auf anderen, langsameren Zeitskalen und Einheiten aufbauen. Sie fühlen sich in einer Einheit zu einem Einzelnen zusammengeschlossen und das, was sich daraus ergibt, arbeitet noch an einer Weiterentwicklung seiner selbst. Sollten wir immer wieder Komplexitäten finden und sie dabei ernst nehmen, können solche Netzwerke, selbstähnlich wie das Leben, ein kommunikatives Ganzes auf den verschiedenen Stufen der Entwicklung ausbilden. Dann wären die Mikroben Gesellschaften mehr als nur eine Mikrobe oder selbst Zusammenballungen von Wassermolekülen in flüssigem Wasser mehr als nur zufällige elektrische Restladungen und chemische Bindungen, die sich anziehen. Auf Zeitskalen, die für uns viel zu hoch sind und viel zu schnell ablaufen, könnte es bei der entsprechenden Zeit Abbremsung viel lebendiger und dramatischer zugehen, als wir uns das vorstellen können.

Aber vielleicht liegt darin gerade unser Problem. Wir schaffen es nicht, uns von unserer Gedankenwelt zu lösen. Wir sind froh, dass wir gerade mal unsere Mitmenschen verstehen, mit ihm kommunizieren und sich in seine Gedankenwelt versetzen können. Vielleicht schafft es der ein oder andere sich auch in ein Tier zu versetzen, ohne es zu vermenschlichen, also nicht in es jenes zu projizieren, was wir Menschen empfinden, sondern das Tier so zu sehen, wie es ist, wie es denkt und fühlt. Doch sind es keine Haustiere wie Hunde oder Katzen, sondern entferntere Verwandte wie Spinnen oder Insekten, dann kommen wir deutlich an unsere Grenzen der Akzeptanz. Dass alles seine Berechtigung hat leben zu wollen und leben zu dürfen ist nicht die Frage, aber gibt es auch ausgeprägte Bewusstseinsstufen in viel einfacheren Lebensformen?

Kann eine Fliege auch Freude empfinden, sich selbst als Ganzes wahrzunehmen?

Bei Pflanzen oder noch extremer in der unbelebten Materie, zum Beispiel nur Steinen, spüren wir sogar eine Aversion dagegen, hier Emergenzen zuzulassen, die in irgendeiner Weise mit unserem Bewusstsein vergleichbar sind. Es braucht schon einen besonderen mentalen Geisteszustand, um sich in einen Stein hineinzuversetzen, darin mehr zu sehen als ausschließlich eine große Materieansammlung. Dabei soll nicht das Spirituelle gemeint sein. Nicht ein aktiver, bewusst spürbarer Einfluss. Wir sprechen hier nicht von einer „Vermenschlichung" der Steine. Falls es einen kommunikativen Austausch in der unbelebten Materie gibt, dann könnten wir es zwar sehen, aber der Zugang wäre uns als lebendige Wesen verwehrt.

Zu Darwin's Zeiten war das Problem nur, dass wir vom Affen abstammen sollten. Heute haben sich die meisten Menschen damit abgefunden, dass Menschen und

Affen gemeinsame Vorfahren hatten und wir leben gut damit. Es ändert sich auch eigentlich nicht wirklich etwas dadurch. Wir sind ein wenig weniger etwas Besonderes, behalten aber doch immerhin unsere Sprache, die Intelligenz und unser großes Bewusstsein. Wir haben etwas, was Tiere nicht haben, wir haben als einziges Wesen das, was man eine Seele nennt und diese Seele sollen wir jetzt genauso mit anderem Leben, ja sogar mit der unbelebten Natur teilen?

Bewusstseinsstufen gibt es immer wieder, vielleicht nur einfachere, vielleicht aber auch noch höhere, von denen wir nichts wissen, die wir so nicht erreichen können. Es ist viel, was wir da glauben sollen und vielleicht mit dem vergleichbar, was Darwin den Menschen damals abverlangte. Wollen wir unseren göttlichen Status behalten und unwissend bleiben, unschuldig wie ein Kind in die Welt sehen, dann können wir an dem Jetzt festhalten. Möchten wir aber tiefer die Zusammenhänge verstehen, müssen wir uns wohl auf genau das einlassen, was wir eigentlich schon immer in uns, in der Natur spüren. So wie die Entfernungen im Weltall viel größer sind, als wir erfassen können, so ist die Welt vermutlich wesentlich vielschichtiger aufgebaut. Voller Komplexität, die zu Emergenzen führen, aus denen sich immer wieder neues Bewusstsein entwickelt.

Das klingt recht verwirrend und die Annahme, auch Steine könnten weitergehende Emergenzen haben, ist sehr weit hergeholt.

Und warum sollen wir andere Bewusstseinsstufen grundsätzlich nicht verstehen können?

Um es noch deutlicher zu machen, was damit gemeint ist, wollen wir uns vorstellen, Aliens würden die Erde besuchen. In freundschaftlichen Absichten, rein wissenschaftlich, nur um sich mal so richtig auszutauschen, den Erfahrungshorizont zu erweitern. Wir glauben dann, dass wir wohl miteinander kommunizieren könnten, sie aber nicht verstehen würden. Wir sehen die Zeichen und Signale, könnten jedoch ihre Bedeutung nicht entschlüsseln. Es wären nicht nur unbekannte Hieroglyphen, deren Sinn man schon mit der Zeit erkennt, sondern die Welt der Aliens auf ihrer hochentwickelten Stufe würde weder uns, noch wir sie verstehen. Als hätten wir es mit Steinen oder einem Baum zu tun. Würden wir jemals zufällig Signale aus den Tiefen des Weltraums empfangen, die eindeutig künstlichen Ursprungs sind, so kann es sein, dass wir sie nicht entschlüsseln können, weil die Komplexität zu anders ist.

Die physikalischen Gesetze sind für dieses Universum allgemein aufgestellt. Sie sind die grundlegendsten und allgemeinsten Zusammenhänge in rein abstrakter Form. Doch die Komplexitäten, die daraus entstehen, sind nicht universell. Menschen auf der Erde sind nicht gleich Menschen auf fernen Welten, selbst wenn sie auch aus Kohlenstoff und Wasser bestehen sollten wie wir. Die Komplexität wäre nie gleich, immer völlig fremd und dass sich daraus ergebende Denken dann immer so anders und unbekannt, dass wir es nicht mehr nachzeichnen oder auf uns übertragen und damit verstehen können.

5 Das Genom

Alles Leben auf der Erde, von der Mikrobe bis zum Menschen gehört schon seit Milliarden von Jahren zur Erde, ist von derselben Art Komplexität. In jedem Lebewesen können wir die gleiche Grundstruktur, die gleichen Lebensbausteine wiederfinden. Das Genom, das Erbgut einer jeden Zelle. Jede Zelle eines Lebewesens hat nach Konrad Lorentz „Der Spiegel des Seins" (Taschenbuch Verlag 1979) etwa 30.000 Gene. Gene sind Nukleinsäure Abschnitte der DNA aufgebaut aus vier Basen, die paarweise angeordnet sind. Unser Erbgut besteht aus 3,2 Milliarden dieser Basenpaare, die beim Menschen auf 46 Chromosomen kompakt untergebracht sind. Zwischen Menschen und Tieren gibt es gemeinsame Basenpaarketten zu allen Säugetieren, aber auch zu anderen Lebewesen. Zwei beliebige Menschen hier auf der Erde stimmen zu 99,9% genetisch überein. Zu 97,5% mit einer Maus, 60% mit der Taufliege und immerhin noch zu 30% mit dem Hefepilz. Wahrscheinlich ist alles was auf der Erde lebt miteinander verwandt. Es gibt auf der Erde nur einen prinzipiellen Bauplan, der in allen höheren Leben verwirklicht wurde.
Außerdem ist alles auf der Erde miteinander vernetzt. Alles versteht einander, kann miteinander in Resonanz treten. Wir bilden eine Einheit, die unentwegt Leben hervorbringt und Geist schafft. Die Zeit pulsiert. Wir

können Tiere essen, aber auch Pflanzen und Mikroben, Luft, Wasser und Mineralien aufnehmen und in unser Leben einbauen. Aus unbelebten Stoffen belebte Stoffe formen, weil wir schon von Anfang an aus den gleichen Grundbausteinen bestehen und den gleichen Weg der Entwicklung genommen haben. Wir sind so viel mehr als eine Kellerassel oder ein Einzeller, aber wir sind trotzdem auch wieder nicht so viel anders.

So ist ein König oder ein Genie auch nur ein Mensch und sein Körper ist genauso aus Zellen aufgebaut wie ein gewöhnlicher Mitbürger. Das Blut von Königen ist auch nur rot und nicht blau. Es war nur ein unerreichbarer Wunsch von Maharadschas, Sultans, Pharaonen oder anderen Herrschern, göttlicher, unsterblicher und so viel anders zu sein, als gewöhnliche Untertanen und Sklaven. Wir sind nicht alle gleich, aber wir sind alle Lebewesen auf der Erde und von derselben Art. Und das genau ist anders bei Wesen auf einem fremden Planeten.

Der Biochemiker Isaac Asimov hat berechnet, wie viele Möglichkeiten es gibt, die Bausteine des Hämoglobins so anzuordnen, dass es nicht entsteht, und fand 10^{190} Möglichkeiten. Dass sich so ein hochkomplexes Molekül zufällig bildet, ist statistisch völlig ausgeschlossen. Es steht immer im Zusammenhang mit der Welt, in diesem Fall mit unserer Welt. Auf einem fremden Planeten mit höherem Leben bei einer anderen Sonne, wird es kein Hämoglobin geben. Vielleicht oder sehr wahrscheinlich wird es auch Proteine geben, möglich, dass sie generell lebensnotwendig für komplexes Leben sind, aber sie sehen dann ganz anders aus und sind nicht mit unseren Proteinen vergleichbar.

6 | Das Leben

Wissenschaftlich ist dies genau der Bereich, der nicht mehr objektiv als Zahl erfassbar ist, als Messgröße bestimmt werden kann. Die Zahl der möglichen Komplexitäten und den sich daraus ergebenden Emergenzen ist zu groß, zu unberechenbar. Aus welchen Verbindungen sich auch Leben bilden kann, welche Proteine auch erfolgreich unter anderen Umweltbedingungen sein können, kann einfach nicht beantwortet werden. Dies führt aber nicht dazu, dass sich die Wissenschaft ihre Schwäche eingesteht, sondern stattdessen schließt man dies gerne aus oder zumindest ignoriert das Problem. Dabei ist speziell für die Physik, aber auch indirekt für die Mathematik bezeichnend, dass in allen Gesetzen auch nicht der Hauch von Lebendigkeit vorkommt, obwohl es das Lebendige doch völlig offensichtlich zu geben scheint. Trotzdem hält man die Methode der Physik für so erfolgreich, dass man glaubt, mit ihren Gleichungen alles erklären zu können. Formeln gelten für Massen und damit für alle Körper in der belebten, wie in der unbelebten Natur und doch kann keine der Formeln die Lebendigkeit erklären und würde nichts darauf hindeuten, dass Leben entstehen kann.
Es geht nicht - nach der Logik physikalischer Gleichungen dürfte es uns nicht geben. Nicht jetzt und nicht in unendlich vielen Jahren. Ausgerechnet die Physik lässt

das größte Geheimnis hier auf Erden völlig außen vor.

Betrachten wir unsere eigene persönliche Lebensgeschichte, dann fällt fast unheimlich der Gedanke auf, dass die Kette unserer Ahnen nicht abreißt, nie auch nicht für den kleinsten Moment unterbrochen war. Obwohl es in der Geschichte der Menschheit verheerende Katastrophen gab, Kriege und Naturkatastrophen, gibt es uns immer noch. Wir sind die Überlebenden und wir könnten, egal wie weit wir in der Geschichte zurückgehen, es würde sich immer ein Vorfahre finden. Die Kette unserer Ahnen muss bis in die tiefsten Tiefen der Zeit geschlossen geblieben sein. Weiter und immer weiter, zurück zu den Vormenschen, den Säugetieren, über die einfachen Mehrzeller zu den Einzellern, Mikroben, Bakterien und ersten Organismen. Es muss eine Spur geben, die bis zu den Anfängen vor 3,6 Milliarden Jahren reicht, die nicht unterbrochen sein darf. Und immer wurde das Leben anfangs über die Teilung, später dann mittels des Genoms, weitergegeben. Das Leben wurde zum einen erhalten und dann zum anderen, aber auch immer weiter verbessert, perfektioniert. Es versuchte, unentwegt höhere Niveaus zu erreichen, nicht sie wieder aufzulösen. So, als wenn etwas über die Entwicklung des Lebens hier auf unserer Erde wacht. Nicht über das einzelne Leben, aber doch über das Leben ganz allgemein.

Alle jene, die heute noch da sind haben eine Geschichte, welche viele Millionen Jahre zurückreicht. Diese Vergangenheit steht fest und kann nicht mehr geändert werden. Wer von uns allerdings eine Zukunft hat und wie weit sie reicht, das bleibt noch völlig offen. Bis zur Jetztzeit haben wir es alle geschafft, was aus uns wird kann keiner voraussagen. Schon allein die wichtigen Moleküle nur über so einen gewaltigen Zeitraum geschlossen zusammen zu halten ist wie ein Wunder. Eigentlich sollte unsere Substanz, gleich einem Quanten Paket, über die Zeit im Raum zerfließen. Doch schon das Quanten Paket zerläuft nicht, was es eigentlich sollt und auch das Leben tut dies nicht, obwohl dies mit den herkömmlichen Gesetzen nicht erklärt werden kann. In der Quantenphysik führt man deshalb Wahrscheinlichkeiten für den Aufenthalt ein, eine Wahrscheinlichkeit ist keine Welle und kann nicht zerlaufen. Die anschauliche Welle wird zur Abstraktion. Bei den Menschen und Tieren sind es nicht die Atome und Moleküle selber, die über die Milliarden Jahre zusammengehalten wurden, sondern nur der Bauplan, die Information darüber wie es geht. Immer wieder werden die Phänotypen mit neuen Molekülen frisch zusammengesetzt. Nur das Wissen über das Wie geht nicht verloren, also auch eine reine Abstraktion.

Suchen wir nach weiteren Besonderheiten, Auffälligkeiten, die von höherer Bedeutung sein könnten, dann fällt die starke Kommunikation auf. Alles Lebendige steht mit seiner Umwelt und den anderen Organismen in Verbindung, tauscht sich aus. Nährstoffe werden aufgenommen, Abfälle abgegeben, höhere Organismen können riechen, schmecken, tasten, sehen und hören. Bei den Tieren wissen wir, dass die Meisten sich auch auf der kognitiven Ebene austauschen können. Sie können bewusste, überlegte Informationen über die Gestik und artikulierte Signale abgeben, die von den Anderen gehört und verstanden werden, worauf sie reagieren. So eine Möglichkeit der Zusammenarbeit schafft enorme Vorteile, produziert Emergenz ohne Ende und führt zu einer großen Überlegenheit nicht nur im Kampf ums

Überleben, sondern auch um sich von der gnadenlosen Entropie zu befreien und konstruktiv in zeitlich immer kürzeren Intervallen die Umwelt zu verändern, sich zu komplexeren Strukturen zu entwickeln. Ohne die ausgefeilte Sprache der Menschen, ohne dass Miteinander der Anderen wären wir nicht lebensfähig und so leistungsstark.

Kinder sollen zwar immer wieder von Wölfen großgezogen worden sein, doch lassen sich solche Kinder nicht mehr in unsere Gesellschaft nachträglich sozialisieren. Auch so etwas Komplexes wie unsere Sprache lässt sich nicht mehr erlernen, wenn sich die Zeitfenster dafür erst mal geschlossen haben. Die Kommunikation des Menschen ist erstaunlich und ihre Differenziertheit in Schrift und Sprache führte zum beispiellosen Aufstieg unserer Art. Darüber hinaus zeigt sich in der massenweisen Verbreitung von Büchern durch die Buchpresse, wie gut es dem Menschen gelingt, sich in andere erdachte Welten einzudenken. Ja, wie sehr unser Gehirn sogar danach lechzt, Geschichten zu hören, egal ob sie nun wahr sind oder nicht.

Dabei fällt hierbei gerade auf, dass anders als es uns immer beigebracht wird, es unserem Gehirn nicht als erstes um eine objektive Wahrheit geht. Die Wahrheit herauszufinden ist zu oft nicht möglich, viel zu aufwändig und meist gar nicht wünschenswert. Die Welt ist so hochkomplex, dass wir meistens nur vage Muster erkennen oder verstehen können. Nüchtern betrachtet würden wir uns nicht zurechtfinden. Es würde uns so ergehen wie bei einem schweren Fall von Autismus. Wir könnten ungeheure Datenmengen jeden Tag abspeichern und doch keinen Sinn im Ganzen sehen. Keine wiederkehrenden

Zusammenhänge herausfiltern und dabei lernen, mit der Flut an Informationen zurechtzukommen. Wir müssen also Objektivität herausfiltern, um Muster und Veränderungen unterscheiden und bewerten zu können. Also ist nicht die Wahrheit das Wichtigste für unser Denken, sondern das Sinn Machende, die Geschlossenheit. Sowohl unsere eigene Persönlichkeit muss daher überwacht werden, in sich konsistent sein, darf nicht auseinanderfallen, als auch die der anderen Mitmenschen. Wahrheit entsteht entweder in uns selbst oder ist das, was die Mehrheit der Menschen als wahr einstuft. Meistens vertrauen wir bestimmten Menschen in bestimmten Bereichen und was sie dazu zu sagen haben, hat für uns großes Gewicht. Bei kleinen Kindern sind es die Eltern, später dann andere Persönlichkeiten. Doch genau wie uns klar ist, dass die Eltern selbstverständlich nicht alles wissen, sie die Wahrheit oft verbiegen, so sollten wir auch den Experten, dem Staat oder einzelnen Persönlichkeiten nicht völlig vertrauen, sondern kritisch bleiben und Wahrheiten immer wieder hinterfragen.

7 | Die Emergenz

Wir empfinden es nicht immer so, aber unsere Welt ist von ungeheuerlicher Komplexität. Ein blauer Himmel ist nicht nur einfach blau angestrichen, sondern es sind endlos viele Luftmoleküle, die nur das Blau übriglassen. Die Komplexität wird heruntergebrochen auf nur eine einzige Farbe, die dann in uns abgespeichert wird. Auch hier finden wir übrigens die Emergenz. Die Summe aller Sauerstoffmoleküle schafft einen blauen Himmel. Niemand hätte es einem O_2 Molekül angesehen, dass es nicht nur ein Gas in der Atmosphäre ist, sondern auch unser weißes Licht zu einem blauen Himmel streut, den wir dann als etwas sehen können, das mehr ist als nur diese vielen einfachen Atomverbindungen. Dies wäre eine Emergenz im weiteren Sinne und sie hat noch nichts Verblüffendes. Eine solche Emergenz findet sich vielfach, wie der Druck oder die Temperatur, die eine Größe darstellen, mit deren Hilfe sich die endlos vielen thermischen Bewegungen der Gase zusammenfassen lassen. Hier haben wir dennoch nicht das Gefühl, dass etwas völlig Neues aus der Komplexität des Ganzen entsteht, was viel mehr ist als seine Teile und auch nicht weiter erklärt werden kann.

Beispielsweis können wir es einrichten, dass es technisch eine Resonanz zwischen einem Sender in London und einem Empfänger in Tokio gibt, auf dem wir Informationen elektrisch übertragen können. Diese Information ist dann mehr, als die Summe aller Teile die zur Übertragung nötig sind, also emergent, doch steckt nichts Außergewöhnliches in der Art und in dem Übertragungsweg. Es ist äußerst kompliziert und die Menschen brauchten entwicklungsgeschichtlich sehr lange um dieses Niveau der Technik zu erreichen und doch ist dies nur eine Emergenz im weiteren Sinne. Wir finden nichts, was nicht auch vorher in den Atomen und Molekülen schon steckte. Man sieht es den einzelnen Teilen der übertragenden Komponenten nicht an, dass sie etwas Bestimmtes übertragen und die Möglichkeit so geordnet mit Tokio kommunizieren zu können ist etwas, dass nur im Zusammenspiel mit dem Ganzen funktioniert. Alles muss aufeinander abgestimmt sein, damit ein einziges bewusst geordnetes Signal übertragen wird. Und so lange wie noch nie Bauteile so verwendet und kombiniert wurden, hätte man nicht gewusst, dass dies auch in ihnen steckt. Aber es kommt trotz allem nichts wirklich Neues hinzu. Außer, dass wir nicht das Gefühl haben, so etwas würde von selber entstehen, rein Zufällig oder über irgendwelche Ausleseprozesse. So ein Sender-Empfängersystem muss konstruiert werden und zwar von lebendigen, intelligent denkenden Wesen. Und dieses Denken kann man auch bei der Übertragung von Informationen auf den Punkt bringen. Der Übertragungsweg ist emergent aber nachvollziehbar, doch der Informationsinhalt, so zum Beispiel der Nikkei-Index der Börsenkurse ist emergent und nicht mit den weltlichen Übertragung Komponenten erklärbar. Das was als Information inhaltlich in dem Signal steckt und dabei so viele makroskopische Dinge aus der realen Welt beeinflussen kann, ist emergent im engeren Sinne. Nur lebendig denkende Menschen können mit dieser Information etwas anfangen und den abstrakten Inhalt wieder in eine Wirklichkeit übertragen. Die Information eines dramatisch fallenden Börsenkurses, aufgeschrieben in Nullen und Einsen, ist abstrakt und fast nur geistig und körperlos. Sie ist von einer ähnlichen Beschaffenheit wie die Seele oder das Bewusstsein des Menschen, nur einfacher und daher noch nachvollziehbar. Trotzdem müssen wir uns bei beidem fragen, ist es etwas Neues, das nur im komplexen Zusammenspiel entsteht, etwas nicht materiell Erfassbares oder steckt dies nicht doch auch schon in jedem Atom? Brauchen wir immer für das Leben einen göttlichen Funken, eine von außen wirkende gestaltende und programmierende Kraft oder haben auch Elementarteilchen eine Emergenz in sich, die sich mit der zunehmenden Komplexität immer mehr zeigt und vielleicht sogar die komplex vernetzten Verbindungen so stabilisiert?

8 Komplex vernetzte Systeme

Bleiben wir noch etwas bei uns Menschen und unserer überaus auffälligen Kommunikationsfähigkeit. Der Austausch, die Vernetzung und die Möglichkeit der Speicherung führen anscheinend nicht nur beim Gehirn zur Effizienz und Intelligenz, sondern auf der ganzen Erde zur Städtebildung und Ansammlung von vielen Menschen auf wenig Raum. Auch Sternensysteme scheinen nach dem gleichen Prinzip vorzugehen, wenn sie aus riesigen Staubkonzentrationen heraus sich zu großen Gebilden wie Planeten, Sonnen und Galaxien entwickeln, die sich anscheinend in netzwerkartigen Strukturen verknüpfen. Nur nehmen wir hier an, dass sie dies wegen der Gravitation tun und nicht, dass dies in Absprache aus einem Wissen heraus geschieht. Die vielen Teilchen einer Sonne werden nur durch einen einzigen Wert, dem der Gesamtmasse beschrieben. Die wissenschaftliche Betrachtung ist zumeist rein analytisch. Die Komplexität der vielen Verbindungen von Atomen innerhalb des Sterns wird vereinfacht, um sie überhaupt beschreiben zu können, doch leider auch damit trivialisiert. Selbst ihre Ausdehnung im Raum wird nicht mehr berücksichtigt. Wir beschreiben den Stern so, als wäre seine Masse in einem einzigen Punkt im Zentrum vereinigt. Nach den Gleichungen, zum Beispiel denen von Newton, ist das durchaus möglich und erlaubt. Wir dürfen die vielen

Relativbewegungen der Teilchen zu einer Schwerpunktsbewegung des Massenzentrums zusammenfassen. Zwei Größen behalten wir vom Ganzen, um die Bewegung der Sonnen oder der Planeten um die Sonnen beschreiben zu können. Die Schwerpunktsmasse und die Geschwindigkeit des Schwerpunkts. Es funktioniert, die Wirklichkeit scheint diese Vereinfachung zu erlauben, aber es funktioniert auch wiederum nicht richtig. Wir müssen schon bei der Analyse eine unbekannte Größe wie die dunkle Materie mit einfügen, um die Theorie mit den Beobachtungen richtig beschreiben zu können. Ein gravierender Kompromiss, der eigentlich nicht hinnehmbar ist. Und tatsächlich lässt sich auch die Filamentbildung damit noch weniger überzeugend beantworten.

Universum und Gehirn sehen mit der entsprechenden Skalierung fast gleich aus. So als gäbe es bei den Sternen, komplex vernetzt betrachtet, doch mehr emergenten Austausch als es die Mathematik erfassen kann. Vielleicht dürfen wir Sterne und Galaxien nicht nur als komplizierte Bewegungen von sehr vielen Teilchen sehen, sondern müssen sie mehr, wie bei sozialen Netzwerken, als komplexe Massenansammlungen betrachten. Dann würde man beim trivialisieren die Besonderheit zerstören und ihr nicht gerecht werden. Ein kompliziertes System kann man durch Analyse verstehen. Ein komplexes System zerstört man so nur.

Betrachten wir Galaxien, Sonnen und Planeten als komplex vernetzte Systeme, dann müssen wir nach Selbstähnlichkeiten und Musterbildungen suchen, hinter denen sich dann vielleicht auch dieselben Mechanismen verbergen. Vielleicht können wir sogar verstehen, wie der Zusammenhang in der Himmelsmechanik funktioniert, wenn wir unser Gehirn verstehen oder unser Denken beobachten.

Unser Denken basiert jedenfalls nicht auf der Objektivität. Die so perfekt funktionierende Ordnung entsteht aus der richtigen Kommunikation mit der Umwelt. Aus dem Miteinander zu anderen Menschen und den vielfältigen Rückkopplungen zwischen Menschen und Natur. Wir haben die Fähigkeit zu kommunizieren, wir kennen viele andere Menschen und wir können Wissen und aufgenommene Erfahrungen abspeichern. Alle drei wurden zunächst durch die Urbanisierung, den Straßenbau und die Druckerpresse beschleunigt. Doch heute nimmt die Geschwindigkeit der Kommunikation, die Vernetzungsdichte die Entfernung der vernetzten Personen und die Möglichkeit Wissen zu erfahren oder es abzuspeichern so dramatisch zu und wird so gierig von der jungen Generation aufgesogen, dass es schon sehr offensichtlich ist, wie entscheidend diese drei Punkte für die Entwicklung des Ganzen sind. Und warum, so fragen wir uns, sollte das, was diesen grandiosen Aufstieg des Menschen ermöglichte, nicht auch von Anfang an die Basis für alles sein?
Für die Entstehung der Sterne, die Ordnung in den Gestirnen, den Atomen und Molekülen, dem Leben und Emergenzen, sowohl in der belebten als auch in der unbelebten Natur.

Ein weiterer sehr offensichtlicher Punkt in Verbindung mit höherem Leben ist das Fressen und gefressen werden. Wir werden inzwischen zwar nicht mehr gefressen, aber wir führen große Kriege und verletzen oder töten uns untereinander. Auch wir sterben irgendwann, ob gewaltsam oder am Alter und spätestens dann werden auch wir wieder von Fliegen oder Würmern gefressen und von Mikroben in unsere Bestandteile zerlegt oder aufgenommen. Doch selbst wenn manche sich diesem Zersetzungs- und Wiederaufnahme Prozess durch eine Feuerbestattung entziehen, so ist doch der eigentlich natürliche Prozess der, dass Tiere und Pflanzen gefressen werden und dadurch anderes Leben weiter lebt.

Wie viele Frösche, Würmer und Maulwürfe müssen sterben, um ein Storchenjunges großzuziehen? Wie viele Tiere haben wir Menschen auf dem Gewissen? Nimmt man noch zusätzlich an, dass auch die Pflanzen und die Pflanzenteile in ihrer geschlossenen Struktur lebendig bleiben wollen, dann zerstören selbst die Pflanzenfresser unzählige Pflanzen oder Teile von Pflanzen, um selbst weiterleben zu können. Auch Pflanzen gehören wie Tiere zum komplexen höheren Leben.

Pflanzen wachsen nach, Gras wächst nach, aber auch Frösche, Mäuse oder Insekten vermehren sich, wachsen nach. Wir oder die Kreatur leben eine Weile, stirbt dann wieder und dient danach anderen als Nahrung.

Nehmen wir den Gedanken von der Selbstähnlichkeit der Komplexitäten ernst, dann können wir zwar nicht die Komplexität einer Pflanze verstehen, müssen anderen Lebewesen aber zugestehen, dass es auch in ihnen Emergenzen gibt. Emergenzen, die vielleicht andere Einheiten, Ganzheiten aus dem Vielen hervorbringen. Vielleicht nicht so gezielt die Zukunft planend und beeinflussend, aber vielleicht auf ihre Weise bewusster sich wahrnehmend, als wir bereit sind, es ihnen zuzugestehen.

Alles Lebende will, kaum ist es auf der Welt, weiterleben. Nicht die kleinste Mikrobe lässt sich gerne fressen, wehrt sich oder flieht. Jedes Leben scheint sich mehr oder weniger seiner bewusst zu sein. Ob ein Fötus im Mutterleib noch halbfertig ist oder ein Keimling gerade das erste Blatt zur Photosynthese hervorbringt, sterben will nichts, auch wenn es noch so kurz die Welt erblickt, gerade zum Leben erwacht. Aber auch alte Bäume wollen nicht ihre Äste verlieren, bemühen sich unentwegt Samen zu produzieren, um sich zu vermehren. Die Zellen der Blätter sterben nicht freiwillig im Herbst ab, nur gibt es immer höhere Interessen des Ganzen, die das Sterben erbarmungslos einleiten. Wir benehmen uns ignorant gegenüber anderen Bewusstseinsstufen, lassen nur unsere hochentwickelte Freiheit des Geistes gelten. Dabei waren wir die längste Zeit Zellen von niedrigerem Niveau und jeder weiß, dass es kein Entrinnen vor dem Tod gibt. Wir alle sterben wieder und dann wäre es schöner, sich vorzustellen, dass es noch andere bewusste Zustände gibt. Nicht mehr so ausgefeilt, speziell und berauschend, dafür aber vielleicht doch viel weiter und umfassender. Unser Geist, den wir so lieben, ist zwar einmalig, aber auch extrem eingeschränkt. Wir können das Ganze nur aus einem engen, sehr festgelegten Tunnel heraus betrachten. Diese Konzentration von Emergenz hat ihren Preis. Das Ganze können wir nur mit unserem Geist betrachten, es aber nicht mehr erfühlen. Wir stehen über den Dingen, sehen die Welt von oben, verlieren dadurch jedoch die stoffliche Ebene. Wenn dann, müssen wir uns ein Gefühl für die Ganzheit spirituell mühsam erarbeiten, doch bleibt es etwas künstlich Erzwungenes, ein indirekt über die Phantasie produziertes.

Es gibt keinen Zugang für uns, fremde umfassendere Komplexitäten zu verstehen. Erst wenn wir sterben, können unsere Zellen woanders wieder mit eingebaut werden oder wenn der Zersetzungsprozess noch weiter geht, werden unsere Moleküle wieder in die Welt der Moleküle aufgenommen. Nur, glaubt man an Emergenzen, dann ist unser Bewusstsein etwas normaler, als wir es bisher Annahmen und dann gibt es ununterbrochen auf den verschiedensten Ebenen Emergenz Zustände. Immer wieder schließen sich Vielheiten zusammen und bilden damit mehr als nur ihre einfachen Strukturen, aus denen sie aufgebaut sind. Dann könnte dieses leben wollen um jeden Preis, immer ein Zeichen von einer emergenten Einheit sein. Also Gruppen von Elementen, die zusammen sich als mehr und als Ganzheit empfinden. Diese Einheit wäre zerlegt, wieder Tod. Vielleicht lieben alle diese wie auch immer aufgebauten Strukturen ihre Zusammengehörigkeit und wollen sie nicht aufgeben. Alle glauben für sich, etwas Besonderes zu sein, was schwer zu erreichen ist und nicht so schnell wieder aufgegeben wird. Im Gegenteil, jede Einheit arbeitet daran, sich weiterzuentwickeln, stabiler und größer und damit machtvoller und stärker zu werden. Keine gibt ihren Jetzt Zustand auf. Jede Ganzheit sieht sich als überlegen zu den Anderen an. Sollte sich dies von Anfang an, vom Molekül bis zum Menschen, vom Atom bis zu den Galaxienhaufen durchziehen, dann wäre es auf einmal kein Wunder mehr, dass es hochkomplexes Leben gibt. Dann ist selbst der Übergang von belebter zur unbelebten Materie unauffälliger und muss nicht definiert werden. Aber was schafft dann diese ungeheure Flut an Emergenz in dieser Welt? Wer oder was steckt dahinter?

9 Zeit und Emergenz

Eine der schillerndsten emergenten Größen, ja der physikalischen Größen überhaupt, ist die Zeit. Die Zeit ist auch ein Begriff der, wie die Schwerpunkte Masse, die vielen Einzelprozesse als nur eine Maßzahl zusammenfasst. Doch anders als der Begriff Masse, ist die Zeit als emergente Größe eines komplexen Systems nicht umkehrbar. In der Physik hat die Zeit eine eindeutig definierte Bedeutung, die sich in fast jeder Formel widerspiegelt. Um die Prozesse in Bewegung zu halten und im Universum bewegt sich immer alles, müssen wir die Massen im Raum und deren Verteilung zu einem festen Zeitpunkt analysieren. Wir können zwar die vielen Einzelbewegungen der Moleküle in einem Festkörper, zum Beispiel in einem Stein, vernachlässigen und nur den Stein oder sogar ein Gebirge als Ganzes sehen. Dann scheint so ein Stein oder eben auch ein Gebirge, in der Zeit und im Raum, stabil zu sein. Eine Beschreibung des Bergs als Berg ist ein gerechtfertigtes Modell der Wirklichkeit, das aus unserer Sicht gut funktioniert und sinnvoll ist, um die Welt verstehen zu können. Objektiv gesehen, bewegt sich aber das Gebirge mit der Erde um die Erdachse, die Erde mit dem Mond um einen gemeinsamen Schwerpunkt, Mond und Erde um die Sonne, die Sonne innerhalb der Milchstraße und die Milchstraße in unterschiedlicher Weise mit dem Virgohaufen, zu einem gewaltigen Massezentrum in vielen hundert Millionen Lichtjahren Entfernung. Das heißt schon mal, makroskopisch überlagert sich eine Vielzahl von Bewegungen. Wir bleiben nicht mal für den Bruchteil einer Sekunde am selben Ort. Zudem sind die vielen Bewegungen zeitlich nicht umkehrbar. Diese großen Bewegungen laufen ab und wir werden uns nie wieder am gleichen Ort befinden.

Die Zeit läuft aus der Vergangenheit heraus in die Zukunft. Im Moment zumindest. Doch auch auf Zeitskalen, die viel größer sind als unsere Lebenszeit bleibt ein Berg nicht ein Berg. So finden sich im Himalaja Muscheln, die darauf hindeuten, dass dieses gewaltige Gebirge mal Meeresboden war. Die Gebirge heben und senken sich, aber auch Felsen sind dem Wind und Wetter ausgesetzt, verändern sich über die Jahrmillionen. Hier scheint der Ansatz, nur die Relativ Zeit zu uns Menschen zu betrachten eine gute Einschränkung zu sein, um die Welt besser verstehen zu können. Gehen wir tief bis auf die molekulare Ebene zum Beispiel die eines Steins, dann scheint plötzlich die Bewegung der Teile wieder zu explodieren. In Festkörpern können sich die Atome oder Moleküle zwar nicht frei bewegen, aber starr im Gitterverband fest verbunden sind sie auch nicht. Sie schwingen und zerren an ihren elektrischen Verbindungen, zappeln Mal mehr Mal weniger. Doch abgesehen von den sichtbaren Bewegungen der Schwingungen, tauschen Sie sich aus. Sie tauschen nicht nur ihre äußeren Elektronen mit den Nachbar Elektronen, nein sie kommunizieren auch miteinander. Nach außen hin ist ein Berg aus Stein elektrisch neutral, aber innerhalb der Granit Verbindungen werden elektrische Signale und Veränderungen hin und her gegeben. Diese Informationseinheiten sind von so kurzen Zeitintervallen und von solch großer Zahl, dass ein Supercomputer auch mit einem kleinen Kieselstein hoffnungslos überfordert wäre, wollte er alle Signale verfolgen. Innerhalb eines geschlossenen Kieselsteins gibt es eine Gemeinschaft der Atome, die sich alle zusammengehörig fühlen, weil sie sich miteinander austauschen können und jedes Atom in diesem Netzwerk dazugehört. Sie hören nichts, sie sehen nichts und sie fühlen nichts, doch werden sie permanent erregt und erfahren unentwegt etwas über die Position der Anderen. Es scheint uns nicht viel, aber es ist doch mehr, als nur alleine zu sein. Und vielleicht tauschen sich auch manche mehr aus und andere weniger, vielleicht gibt es auch hier Vorlieben und Aversionen. Dafür allerdings müssten die Atome selber schon viel mehr sein als nur kleine Kügelchen.

10 Zeitdehnung

Neben den elektrischen Verbindungen eines Kieselsteins, die außer an der Oberfläche keinen Kontakt zur Außenwelt aufnehmen, gibt es noch die gravitativen Verbindungen, welche quasi nur mit der Außenwelt in Verbindung stehen. Wenn die einzelnen Atome eine zweite Struktur in sich tragen, welche beide eventuell komplex und emergent sind, dann kann man den Zusammenhalt im Kiesel und die Anziehung der Masse zu anderen Massen nicht nur mit zwei Größen beschreiben. Dann sind diese zwei Größen, der elektrische Zusammenhalt und die gravitative Anziehung nur ein Modell, ein Ansatz um die vielfältige Wirklichkeit zu verstehen. Doch diese Reduzierung wird nur der Physik gerecht und greift insgesamt viel zu kurz. Diese nüchtern betrachtete Sachlichkeit entspricht allein unserer Wirklichkeit. Nach unserem Zeitmaßstab in unserer Alltags-Taktung ist ein Kieselstein nur ein Kieselstein und ein Berg ein Berg. Auf diesem Maßstab der Zeit ist die Welt mathematisch, analysierbar und physikalisch zu begreifen - die Lebendigkeit von allem hingegen nicht. Da vielschichtiges Leben nun aber Realität ist, müssen wir zumindest ein zweites Modell zur Beschreibung der Welt einführen. Eines, das nicht quantitativ messbar die Teile erfasst, sondern sich qualitativ mit der Summe dieser einzelnen Bausteine auseinandersetzt. Dafür müssen die großen physikalischen Theorien etwas verändert werden. Nicht viel und im Einklang zu den Beobachtungen, aber doch entscheidend im Detail.

Doch kommen wir vorher nochmal auf den Zeitbegriff zu sprechen. Es gibt eine makroskopische Vorstellung von Zeit als eine einzige Größe, die alles zusammenfasst. Nehmen wir zum Beispiel eine Rakete, die kontinuierlich beschleunigt. Nach der Relativitätstheorie vergeht die Zeit dann innerhalb der Rakete langsamer als bei uns auf der Erde. Die Möglichkeiten, wirklich hohe Raketen Geschwindigkeiten zu erreichen sind zwar sehr eingeschränkt aber es geht ums Prinzip und da hat die Idee von einer Zeitdehnung für uns Menschen etwas Unbegreifliches. Wir spüren sofort, dass dann alle kleinen und großen Uhren und alle sonstigen Zeitprozesse davon betroffen sein müssen. Mit nur einem emergenten Begriff, der Bewegung der Rakete, werden alle unendlich vielen Atome darin mit ihren Vernetzungen in allem langsamer. Unser ganzer komplexer Körper, alle Stoffwechselabläufe, die Prozesse im Gehirn, das Denken, der Alterungsprozess der Zellen, alles wird durch nur eine Größe abgebremst. Radioaktiver Zerfall, der Spin, Lichtwellen, einfach alles was der Zeit unterliegt vergeht langsamer, nur weil wir uns bewegen - also etwas unglaubliches.

Irgendwie haben wir stillschweigend die Vorstellung in uns, dass die Summe dieser vielen Zeitprozesse eine Zeit, die makroskopische Zeitgröße erst schafft, die dann gemittelt immer gleich ist. Die Teile machen das Ganze aus und nicht umgekehrt. Die vielen kleinen Abläufe schaffen zusammen die Zeit. Doch das soll nicht mehr gelten?

Wir können etwas komplex aufgebautes, als ganzen Block durch den Raum bewegen und dadurch alle komplexen Verbindungen beeinflussen, ohne ein heilloses Chaos auszulösen. Ohne, dass unsere Gedanken in der schnellen Rakete ihren Halt verlieren und durcheinander kommen. Eine einzige makroskopische Größe verändert endlos viele mikroskopische Zusammenhänge. Trotzdem ist die Zeit nicht umkehrbar. Die Zeit verläuft nicht rückwärts, nur weil wir die Rakete umkehren. Die komplexen Lebensprozesse können verlangsamt werden, aber wir können sie nicht rückwärts laufen lassen. Der Zeitpfeil zeigt immer in die eine Richtung. Wir würden es so beschreiben, dass er aus der Vergangenheit kommt und in die Zukunft zeigt. Auf unserer menschlichen Ebene setzt sich das Jetzt aus der Fülle der vergangenen Abläufe zusammen und die Zukunft ist bei uns das, was uns noch erwartet. Die Jetztzeit ist also nur ein winziger Moment, fast nur eine Illusion zwischen Vergangenheit und Zukunft. Und doch ist sie so alles entscheidend und viel, so viel mehr. Sie ist emergent und unser Bewusstsein, die richtige Verknüpfung von Gedächtnisinhalten und Wirklichkeit schafft den Moment, gibt uns dieses scheinbare Gefühl, so viel mehr zu sein als nur funktionierende Biomasse.

In der Jetztzeit muss unser Gehirn unentwegt Entscheidungen treffen. In Bruchteilen von Sekunden, muss es die auf uns einwirkende Realität, das „Jetzt" bewerten, mit vergangenen Gedächtnisinhalten vergleichen und Entscheidungen für die Zukunft treffen. Wir sind aktive Gestalter unserer Welt, unserer Zukunft. Unsere Entscheidungen verändern die Zukunft, wir unterliegen nicht dem Zerfallsprozess der Entropie. Wir wirken auf den Raum und die Zeit ein und das anscheinend völlig frei. So zumindest kommt es uns vor. Dieses große Gefühl der Freiheit unseres Willens hängt mit der scheinbar unendlichen Zahl an Möglichkeiten der Entscheidung zusammen und der vielen unterschiedlichen Folgen daraus. Auf der Zeitskala eines Menschen sind die Möglichkeiten gewaltig und nicht nachvollziehbar und doch verhalten wir uns im Alltag sehr berechenbar und unsere Umwelt scheint aus unserer Sicht stabil, ja fast manchmal langweilig. Wir haben als erwachsene und kontinuierliche Persönlichkeit so viele Möglichkeiten der Gestaltung und doch sitzen wir, je älter wir werden, immer mehr nur noch auf dem Sofa und lassen uns unterhalten. Immer auf der Suche nach Lustbefriedigung ohne Anstrengung.

11 Atome und die Langeweile

Betrachten wir sehr große Zeiten oder sehr große Räume des Universums, relativiert sich sofort unser Einfluss auf die Welt. Was sind ein paar Stunden unserer Schaffenskraft gegen die Zeiträume der Evolution. Aber auch lokal ist unsere Möglichkeit das Universum zu verändern, doch mehr nur auf die Erde beschränkt. Für die meisten Menschen ohne Einfluss sogar nur auf ihr näheres Umfeld. Auch im Mikrobereich, auf sehr kurzen Zeitskalen sind die Abläufe mehr an die Zellen und Atome gebunden. Das, was uns so zufällig erscheint, ist wohl chemischer und physikalischer und damit ernüchternder als wir es empfinden. Dennoch, wir haben ja schon festgestellt, dass es da noch mehr geben muss, als nur das Räderwerk einer komplizierten Maschine. Wir glauben inzwischen an eine Vielzahl von Emergenzen bei den Zellen und den Atomen, genauso wie zwischen den Planeten und Sonnen.
Wenn wir von dem einen Begriff der Zeit sprechen, dann verbinden wir damit im Allgemeinen eine Prozesszeit. Wie viel kann ich in einer Stunde schaffen, wie viele Zellen werden je Zeiteinheit ausgetauscht oder noch elementarer, wie viele Kontakte kann ein Atom, ein Proton oder ein Elektron je Zeiteinheit maximal haben? Diese Prozesszeit, wie wir sie nennen wollen, ist auf der untersten Stufe der stabilen Teilchen, bei den Elektro-

nen und den Protonen, sehr hoch. Je Sekunde liegt sie in unserer Region des Universums fast im Bereich von 10^{18} Kontakten. In nur einer Sekunde haben sich unsere Elementarteilchen mit fast 10^{18} anderen Teilchen ausgetauscht und sich entsprechend zu diesen Informationen im Raum positioniert.

Heute sind es so viele Verbindungen zu anderen Partikeln, doch in der Anfangszeit waren es, nach unserem Weltenmodell, viel weniger. Nach unseren Vorstellungen entstanden die Teilchenpaare Stück für Stück. Zunächst gab es noch gar keinen Austausch zu anderen neu entstandenen Teilchen. Erst mit der Zeit nahmen die Kontakte zu, die Bewegungsfreiheiten wurden kleiner und damit auch die Unschärfe der Position. Mit dem zunehmenden Austausch von Informationen bauen sich die Netzwerke erst langsam, dann immer schneller auf. Im Prinzip hätte es auch nur bei den isolierten Partikeln bleiben können. Teilchen, die sich ausschließlich mal hierhin, mal dorthin bewegen, sich hin und wieder austauschen und das war´s. Das Universum hätte selbst nach 13,7 Milliarden Jahren immer noch nur mit einem Gas angefüllt sein können, welches mehr und mehr Kontakte hat und sich dadurch langsam abkühlt. Geduldige Atome, die seelenlos ohne Emotionen immer nur das Gleiche tun. So ist unser Bild von der unbelebten Materie.

Das, was dann aber wirklich geschah, ergibt sich nicht zwangsläufig aus den Vorgaben. Dieser beispiellose Aufstieg der Materie ist kein Automatismus und wenn es geschah, dann wohl nur deshalb, weil diese Kommunikation unter den Elementarteilchen mehr ist, mehr sein muss, als nur ein elektrischer oder gravitativer Kontakt

zwischen Materie-Teilchen. Bei unseren Urbausteinen, den Protonen und Elektronen befinden wir uns vielleicht auf der tiefsten Ebene von Netzwerken. Sie verkörpern einerseits die Grundelemente der physikalischen Welt und andererseits baut sich schon auf diesen Elementen ein Netzwerk auf, in dem elementares Wissen gespeichert ist. Wir vermuten auch in den Netzwerken der einfachsten Bausteine mehr als nur nüchternen gravitativen Austausch.
Jeder einzelne Mensch spürt in sich auf jeden Fall in einem höchsten Maße Emergenz. Wir können das Eine, das sich aus dem Vielen ergibt und so viel mehr ist als die Summe seiner Teile, unmittelbar erfühlen. Diese Emergenz dieses Emergenz Gefühl kennen wir unmittelbar. Unsere erweiterten Bewusstseins Empfindungen beginnen auch nicht erst mit der Zeit nach der Pubertät. Selbst wenn wir nur wenige Erinnerungen an unsere frühe Kindheit haben, so ist diese doch nicht roboterhaft oder leblos. Im Gegenteil, wir sehen es den Kindern an, wie lebendig sie sind, mit welcher Freude sie die Welt genießen und das von Anfang an. Kinder, auch sehr kleine Kinder spüren bewusst die Emergenz, obwohl das eigentlich ausdifferenzierte Bewusstsein seiner selbst erst nach dem Umbau in der Pubertät anfängt. Dann allerdings hat unser bewusstes Denken, unser Geist schon etwas Göttliches. Wir fühlen uns in einem Höchstmaß frei und als eine einzige Persönlichkeit. Unsere Wahrnehmung liegt wie eine Seele über der Körperlichkeit. Der Geist empfindet sich als losgelöst von Allem, fast getrennt von unserem Körper. Wir können Welten nur in unserer Phantasie bereisen, Lösungswege nur im Kopf durchdenken, uns in andere Menschen

versetzen und zukünftige Ereignisse vorhersehen, planen und ändern. Trotz dieser berauschenden Leistung unseres Gehirns nehmen wir nicht an, dass wir konstruiert wurden, sondern das Endprodukt eines Schaffensprozesses sind, der vor Milliarden von Jahren begann und bis heute anhält. Aus sich selbst heraus, ohne fremdes Zutun. Wenn wir also keinen Schöpfer einsetzen, nicht an eine Seele glauben wollen, dann müssen wir auch auf der untersten Stufe Selbst Ähnlichkeiten und damit Emergenzen wiederfinden. Auf jeder Stufe der Entwicklung muss sich immer wieder ein ähnliches Muster zeigen, auch auf der Untersten. Wie hätte es jemals mehr als nur einen Raum, angefüllt mit Atomen geben können, wenn es nur die Erhaltungssätze von Energie und Impuls gibt und die Kräfte zwischen Ladungen und Massen. Das was an Geist den Körper in uns beseelt muss auch in den Urelementen selber im Ansatz stecken. Zwar viel einfacher aber das Prinzip sollte hier schon vorhanden sein. Auch Urteilchen müssen etwas Lebendiges haben. Wir müssen mehr in die Beschreibung hineinlegen können und es muss an das erinnern, was wir in unserer Welt, auf unserer Ebene so hoch halten.

Zum Beispiel kommunizieren wir Menschen ohne Ende, tauschen unentwegt Informationen aus, beobachten, speichern und verarbeiten sie und lenken damit unsere Entscheidungen. Wir leben in Städten, in größeren und immer größeren Ballungsräumen und schaffen durch Spezialisierung immer kompliziertere Maschinen. Doch eine Grundvoraussetzung ist das Abspeichern der Informationen, unser Wissen. Das Abspeichern und die Möglichkeit, immer einfacher und schneller das Weltwissen abgreifen zu können. Wir haben heute Individuen, die komplex in großen Netzwerken verbunden sind und dabei eine Vielzahl von Möglichkeiten besitzen, Informationen auszutauschen und zu speichern. Auch unser Gehirn lebt von seinem veränderbaren Speicher, dem Sinneseindrücken und der Kommunikation mit der Außenwelt. Auf der untersten Stufe finden wir die Individuen in ihrer einfachsten Form, den Protonen und Elektronen, die die Zentren von Netzwerkverbindungen zu anderen Individuen darstellen. Sie schon als Individuen zu bezeichnen ist natürlich provokativ. Protonen selber scheinen so wenig zu sein, viel zu einfach aufgebaut. Doch denken wir daran, dass sie 10^{18} Kontakte zu anderen Individuen in jeder Sekunde verarbeiten, was für uns eine unbegreiflich große Zahl darstellt, dann wird ihre Einfachheit durch die Geschwindigkeit und Anzahl gut ausgeglichen. Das Entscheidende aber ist nicht die extrem hohe Zahl der Verbindung, sondern dass in unserem Modell, anders als in allen physikalischen Modellen, die Informationen abgespeichert werden. Die Speicherung ist eine Grundvoraussetzung dafür, dass es weiter geht, dass diese Verbindungen mehr sind als nur Verbindungen. Ohne ein Abspeichern von Informationen in ihrer primitiven Form kann es keine Entwicklung geben.

In unserem Modell sind die Partikel nicht Kugeln oder Strings oder unendlich kleine Abstraktionen, sondern zwei hauchdünne Ebenen, die sich verschieben können. Jeder Kontakt, jeder Austausch verschiebt die beiden Flächen um ein so kleines Stück, dass es Jahrmilliarden dauert, bis sie merklich Abstand zueinander haben. Doch jede Verschiebung steht mit einem ganz bestimmten anderen Teilchen in Zusammenhang. Diese vielen Speicherinhalte sind alle anders. Keine zwei

Teilchen sind dadurch gleich, obwohl sie alle bei Null angefangen haben. Jedes Teilchen ist somit tatsächlich individuell, tauscht sich gerne Informationen aus und entscheidet, mittels der gewonnenen Informationen sich für eine bestimmte Bewegung oder Konstellation im Raum.

Nehmen wir jetzt noch zusätzlich rein hypothetisch an, dass bei jedem Austausch nicht nur die Position festgestellt wird, sondern auch quasi jedes Mal der Speicher oder ein Teil des Speichers ausgelesen wird, dann bekommt das Ganze gleich etwas Unheimliches. Jedes Teilchen trifft dann aufgrund der vergangenen Informationen zusammen mit seinem eigenen Wissen eine Entscheidung für die Zukunft. Das hört sich jetzt schon unverschämt lebendig an und wäre in so einer Beschreibung fast nicht von unserem bewussten Denken zu unterscheiden. Es wäre dann im Mikrobereich selbstähnlich zu unserer Welt im Großen. Nun muss es uns noch umgekehrt gelingen, diese Individualität der Elementarbausteine zu trivialisieren, ansonsten glauben wir nicht daran, dass so etwas aus sich selbst heraus entsteht.

12 | Der Wunsch der Materie

Das Urteilchen nur aus zwei Ebenen bestehen können und dies durchaus im Einklang zur bekannten Physik, haben wir schon gezeigt. Auch wie die Masse der Protonen mit der Universumsschale in Zusammenhang steht wurde schon früher geklärt. Selbst das sich die Teilchen mit jedem Kontakt etwas verschieben können und sie damit auch einen Speicher darstellen, macht so erstmal keine Schwierigkeiten. Schließlich haben wir schon darüber gesprochen, dass die Teilchen bei jedem Kontakt sich immer mit Lichtgeschwindigkeit austauschen. Sie also den Raum dazwischen gar nicht sehen, er mehr ein Konstrukt unserer komplexen Welt ist. Aus der Sicht der Teilchen könnten damit die beiden Austausch Objekte tatsächlich für einen Quantensprung zusammen sein - aufeinander liegen.

Wir sehen, die Welt löst sich auf, wird immer mehr zur Illusion. Teilchen können fest, sie können aber auch nur abstrakt sein. Etwas emergentes, was nur als Zentrum von virtuellen Kommunikationen echt zu sein scheint. Ob es diese beiden Ebenen nun wirklich gibt oder ob sie nur einen Übergang darstellen, ab dem sich was ändert, ist nicht entscheidend. Dieses Bild hilft uns die Atome zu verstehen, sie uns vorzustellen, es ist etwas worauf man aufbauen kann. Eigentlich ist es auch nicht verkehrt, solche Ebenen ein wenig schwammig zu lassen, schließlich haben wir immer im Hinterkopf, dass die Welt nur für uns Realität haben soll, nur für Materiekörper scheinbar fest und beständig ist. Dass muss aber gerade im Elementaren verschwimmen, denn so etwas Festes soll es nicht wirklich geben.

In unserem Aufbau steckt, dass mit jedem Austausch eine Kleinigkeit jeweils zurückbleibt. Etwas, das von dem anderen Teilchen kam, mit dem das Partikel für einen Quantensprung kommunizierte. Bisher haben wir uns nur darauf beschränkt, die Ebenen ein winziges Stück zu verschieben und das dadurch der Kontakt gespeichert wurde. Nun wollen wir aber noch einen Schritt weiter gehen und uns vorstellen, dass immer ein Hauch von einer Ebene des anderen Teilchens an der Stelle hinter der Hauptebene bestehen bleibt. Die beiden Hauptebenen, die das Teilchen ausmachen verschieben sich etwas und dahinter sammeln sich die Informationen aller Teilchen mit denen sie sich je ausgetauscht haben. Ein kleiner Zeitpunkt, nur ein einziger der vielen Prozesse je Sekunde, der von einem anderen Atom stammt. In jedem Partikel steckt dann eine Sammlung von Ebenen anderer Teilchen, die hinter der Hauptebene angeordnet sind, wie Karten im Karteikasten für Vokabeln. Irgendwann wenn sich die Zeit schon lange wieder umgekehrt hat, wird die jeweilige Karteikarte zurückgegeben, doch bis dahin bleibt das Wissen meistens gespeichert. Durch diesen Trick bekommt der Speicherung Prozess für unsere Vorstellung schon mehr Substanz. Die Informationen darüber wer mit wem, wann Kontakt hatte sind gespeichert und müssen nur noch abgerufen werden. Wenn jetzt unsere Massen für einen kleinen Moment der Prozesszeit Kontakt miteinander haben, das geht nur wenn sie im richtigen Verhältnis zueinander stehen und es in diesem Moment keinen Raum zwischen ihnen gibt, dann können sie statt nur unmittelbar vor einander zu stehen auch gleich aufeinander liegen. Sie wären nicht gleich, selbst wenn der Abstand der Hauptebenen identisch ist, denn die vielen fremden Einzelebenen dahinter machen jedes Teilchen zu etwas individuellem. Eine Informationsreihe, die von beiden aufeinanderliegenden Partikeln verschieden ist, die dann als Ganzes gelesen wird und aufgrund dieser einen emergenten ganzen Information über den vergangenen Ablauf, bildet sich die Zukunft der Bewegung heraus. Nicht ein bewusster, gelenkter Zustand, wie wir ihn kennen, aber doch eine Entscheidung, die aufgrund vieler Einzelinformationen getroffen wird. Möglicherweise wollen die Teilchen aufgrund dieser Informationsreihe in Zukunft öfter oder seltener Kontakt zueinander aufnehmen.

Hier nun zeigt sich dann auf der untersten Stufe der Unterschied zwischen dem Lebendigen und dem Unbelebten mechanistischen. Wir können es als einen ablaufenden automatisierten Prozess sehen: die weitere Bewegung der Teilchen wird durch die zufällige Anordnung der Informationen bestimmt. Wir können aber auch viel mehr in dieses Bild hineininterpretieren. Und dass im Wesentlichen nur aufgrund der ungeheuren Vielfalt der nicht voraussehbaren Entscheidungen, die ein Teilchen nach einem Kontakt treffen kann. Ob sich in dieser Vielzahl der Möglichkeiten dann eine echte Emergenz ausbildet oder sich das Ganze nur emergent verhält und doch nur ein sehr komplexer Ablauf ist, lässt sich so nicht entscheiden. Wir können aber die Ähnlichkeit mit unserer lebendigen Welt erkennen. Wir haben den Gencode der Elementarteilchen, der nun viel mehr aus dieser unbelebten Materie macht, ganz gleich ob bewusst oder unbewusst. Wir fühlen da einen Hauch von Lebendigkeit, mit der sich Partikel begegnen, ihr Wissen speichern und an Andere weitergeben. Es könnte sogar eine echte Emergenz daraus entstehen. Eine Emergenz, die aus den Kontakten ein Zusammenleben macht und dafür sorgt, dass in immer größer werdenden Netzwerken, die Ansammlung von Materie im Raum, ihre Verdichtung exponentiell zunimmt. In diesen wachsenden Emergenzen könnte mehr verborgen sein, als wir begreifen können. Um es lebendig zu beschreiben: Den Wunsch der Materie, aus endlos langweiligen einfachen Kontakten zwischen einzelnen Teilchen, etwas höheres Komplexeres aufbauen zu wollen. Ohne zu wissen, was oder wozu sie etwas tun, verbinden sich Teilchen, ballen sie sich zu immer größeren Gebilden zusammen. Die entstehenden Strukturen sind dabei nicht so ungeordnet, wie sie aus unserer Sicht zu sein scheinen oder wir mit unserem verstellten Blick es zulassen zu sehen.

Teilchen sammeln sich und Massen wachsen. Die Zahl der Kontakte steigt, die Netzwerke werden komplizierter, größer und weiter. Informationen können immer schneller ausgetauscht und verbreitet werden. Das, was wir in unserer Welt als eine gute Idee empfinden, daran kann auch auf der Mikroebene gearbeitet werden. An irgendwelchen Möglichkeiten, aus entsprechenden Ordnungssystemen neue Muster zu entwickeln. Sollte dabei irgendwo ein neuer Weg gefunden werden, wird dies sofort verbreitet. Immer im Kampf mit den Naturgesetzen und immer im Kampf mit der Entropie, die alles Unkontrollierte sofort wieder in sich zusammenbrechen lässt.

Aber es gibt ihn jetzt in der Welt der Atome, den großen Gegenspieler zur destruktiven Entropie. Jetzt haben wir in der Materie den Wunsch mit verankert, aus der Emergenz heraus immer weiter kommen zu wollen. Die Option Jahrmilliarden lang immer nur dasselbe zu tun, immer nur ein Gas im Universum zu bleiben, ist keine Option mehr. Keines der vielen Teilchen im Universum will ewig nur das Gleiche tun, alle wollen sie in dieser Flut an abwechslungsreichen Informationen versinken. Alle streben sie weiter, ob in kleinen Gruppen oder in riesigen Ansammlungen. Das, wozu sie gehören, kann gar nicht außergewöhnlich genug sein.

Es kommt von Anfang an mit den Teilchen etwas Neues in die Welt. Nicht nur die Gesetze von Raum und Zeit und den Kräften zwischen den Massen, sondern auch die Informationen, der Keim des Wissens. Er breitet sich von Anfang an schnell aus und entwickelt rasant daraus, ein Bedürfnis mehr aus dem Dasein zu machen. Es gibt die Gravitation, die über weite Entfernungen auf Materie einwirkt und es gibt elektrische Ladungen, die im Nahbereich alles bestimmen. Doch wahrscheinlich hätte es nie Sterne und Galaxien gegeben, keine Planeten, auf denen sich Leben entwickeln kann, würden sich die Grundbausteine nicht in Netzwerken zusammenschließen, die Informationen speichern und Neuerungen schnellstmöglich verbreiten. So wie wir am liebsten ewig leben und dabei immer gerne kurzweilig, lebendig und voller Lust wären, so steckt dies auch schon in den Protonen und Elektronen der Welt.

13 | Determinismus und Freiheit

In unserem Aufbau steckt keine wirkliche Freiheit. Die Welt ist komplett deterministisch aufgebaut, doch der Unterschied zwischen Determinismus und wahrer Freiheit verschwimmt, wenn die dahinter stehenden Abläufe, die Zahl der Möglichkeiten nur groß genug ist. Die Freiheit des Denkens, so absolut gesehen, wird wohl überbewertet. Ob unsere Handlungen wirklich freie Entscheidungen sind oder nur aus so einer unbegreiflichen Komplexität heraus entstehen, aber im tiefsten Innern ganz unten doch vorbestimmt sind, macht für uns keinen Unterschied aus. Erst recht nicht, wenn die Prozessstufen, auf denen die Entscheidungen fallen, noch um die Vielzahl der kommunikativen Verbindungen der Teilchen untereinander erhöht werden. Für uns und für das Universum im Großen schreitet die Zeit voran, ist sie nicht reversibel. Ein einzelner Zeitprozess kann vielleicht umgekehrt werden, er ist einfach und übersichtlich, dauert aber nur einen Milliardstel einer Milliardstel Sekunde. In unserer Welt, die in Sekunden, Minuten und Stunden vergeht, türmen sich schnell so viele komplexe Verbindungen auf, dass sie nicht mehr zurückverfolgt werden können.

Emergenzen, die sich aus großen Komplexitäten mit riesigen Netzwerken ergeben, sind aus unserer Sicht immer unberechenbar, auch wenn die sich ergebende Ganzheit deterministisch begründbar ist. Die Atome, Protonen, Neutronen und Elektronen sind nicht unscharf, weil wir hier eine Freiheit der Quanten finden, sondern sie sind nicht lokal bestimmbar, weil sie emergent sind. Ihre momentane Position ergibt sich aus dem Netzwerk der Verbindungen, den vielen Kontakten und dem entsprechenden Informationsaustausch aller dazugehörenden Teilchen. Die Position der Elektronen in der Hülle scheint sich statistisch immer in einem bestimmten Bereich ihrer Schale zu befinden, doch kann eine exakte Position mit Hilfe der Quantenmechanik nicht vorhergesagt werden. Wen wundert es, wenn die Orts Positionen von Teilchen mehr sind als nur das Zusammenspiel von Impuls und Energie. Wenn dem tatsächlich so ist, dann sehen wir hier auch die Grenze der Physik. Die exakte Analyse, über Formeln mit Hilfe der Mathematik die Bewegungen und Zeitprozesse der kleinsten Teilchen im Raum zu bestimmen, stößt dann an ihre Grenzen. Große Massen können wir exakt in dieser Welt verfolgen, doch für die Elementarteilchen brauchen wir andere Methoden, kommen wir so nicht mehr weiter. Nach unserem logisch, mathematisch, physikalischen Denken wäre die makroskopische Materie unsere Welt. Theoretisch vorhersagbar, festgelegt und damit deterministisch. Gibt es aber einen Bereich, der sich unserer Beobachtung prinzipiell entzieht, zum Beispiel dem von Ort und Impuls, dann wäre unsere Welt frei in ihren bewussten Entscheidungen, auch wenn die prinzipielle Unbestimmtheit der Position im tiefsten Bereich dahinter deterministisch ist. Für uns bleiben die Bewegungen von Elementarteilchen frei, ganz gleich, ob der Mechanismus dahinter intrinsisch mit dem Teilchen zusammenhängt oder emergent ist: er sich aus viel mehr nämlich aus Ordnungsstrukturen von Netzwerken zusammensetzt.

Die eigentliche Frage ist für uns nicht die nach der Freiheit, sondern die nach der Lebendigkeit. Wir verbinden Leben immer mit freien Entscheidungen und dem, dass Leben mehr ist als nur ein Uhrwerk. Ein Elektron ist nicht frei und läuft vielleicht wie ein Uhrwerk ab, doch kommuniziert es auch gleichzeitig mit vielen anderen Teilchen, speichert Informationen und gibt sie weiter. Seine weiteren Bewegungen werden von dem Netzwerk der Anderen beeinflusst, sind für uns nicht vorhersehbar, also doch lebendig. Entscheidungen scheinen aus dem Moment heraus getroffen zu werden und mehr zu sein als nur ein mechanistischer Ablauf der Physik. Man kann in ihnen mehr sehen als nur Atome und Unschärfe: etwas, was wir als die Vielfalt des Lebens kennen.

14 | Der Gravitationsstrom

Machen wir nun einen Sprung von den kleinsten Objekten hin zu den großen Massen Körpern. Bisher ging man fest davon aus, dass die Erde gravitativ an die Sonne gebunden ist. Neben der Sonne hat der Mond noch einen sehr starken Einfluss auf die Erde und dann mit zunehmendem Abstand und entsprechender Masse die anderen Planeten. Statt die vielen einzelnen Massenpunkte der Teilchen und ihrer Relativbewegung zu betrachten, zeigte schon Newton, dass es völlig ausreichend ist, nur die Bewegung des Massenschwerpunkts zu messen und zu analysieren. Alles andere wäre auch absolut unmöglich zu berechnen. Nehmen wir folglich die Bewegungen der bekannten Massenschwerpunkte in diesem Planetensystem, dann betrachten wir wieder nur eine emergente Größe, die sich aus den endlos vielen Massenpunkten eines Planeten oder einer Sonne zusammensetzt. Die Kraft zwischen Sonne und Erde ist dabei eine einzige Kraft zwischen den beiden einzelnen Gesamtmassen und deren jeweiliger Entfernung. Ob man Newtons Gravitationsgesetz oder Einsteins Feldgleichungen einsetzt macht keinen Unterschied. Beide Formeln bauen nicht darauf, dass es Atome sind, die sich gravitativ durch den leeren Raum austauschen und als Gegenspieler elektrische Verbindungen, die hier auf der Erde die Atome in ihrer Anordnung festhalten.

Doch sehen wir die Gravitation und die elektrischen Wechselwirkungskräfte auch immer als einen Informationsaustausch, dann gibt es eine Flut an Informationen über den Gravitationsstrom, der so groß ist, dass er die Erde auf ihrer Bahn hält. Außer dem gravitativen Informationsstrom stellt die Sonne noch eine zweite elektromagnetische Energie- oder Informationsquelle dar. Die Größe des elektrischen Stroms reicht zwar nicht aus, um die Erde in ihrer Bewegung zu beeinflussen, doch macht dieser Lichtstrom von der Sonne es erst möglich, ausreichend Energie an die Erde abzugeben, um Wasser flüssig zu halten und damit Leben zu ermöglichen. Das Sonnenlicht ist die Energiequelle, die wir unmittelbar sehen, welche unsere Welt in der Atmosphäre verzaubert, bei dem dann so viel mehr entsteht, als man es von nur einer Lichtquelle erwartet hätte. Wir können die Welt sehen, räumlich und in Farbe und so vielfältig, dass es jedem bei dem Gedanken blind zu werden gruselt.

Auch eine Emergenz, die ein Schöpfer so nicht erwartet hätte. Obwohl der gravitative Informationsstrom zwischen der Sonne und uns und den anderen Himmelskörpern so viel größer und umfassender ist, schenken wir ihm bisher nur wenig Bedeutung. Das liegt natürlich nicht zuletzt daran, dass die Gravitationskraft zwischen zwei Elementarteilchen um fast 10^{38} Mal kleiner ist als die Kraft zwischen ihren elektrischen Ladungen. Dabei ist auch dies nicht richtig. Uns kommt die Kraft zwischen Ladungen so viel stärker vor, weil die Ladungen sich meistens nur auf ein und dasselbe Ladungspaar richten. Zwei Ladungen haben meistens 10^{18} Verbindungen je Sekunde untereinander, wohingegen die Gravitation, nach unserem Bild, nicht auf bestimmte Atome festgelegt ist. Der Austausch ist für beide in der Größe und Auswirkung immer gleich, doch scheint die Gravitation durch ihre scheinbare Ungerichtetheit so viel schwächer. Bei ihr muss man wirklich einen einzigen Austausch bewerten und das können wir nicht.

Immerhin steht die Trägheit als die Summe dieser vielen Verteilungsprozesse wieder im Einklang zur elektrischen Anziehung. Die Trägheit der Elektronen im Atom ist gleich groß wie die Ladung Anziehung. Die Atome bewegen sich unter anderem deshalb auf stabilen Bahnen. Dass diese Bahnen vielleicht nicht nur aus einer einzigen Kraft bestehen, sondern sich eventuell eher aus endlos vielen Einzelinformationen zusammensetzen, darauf deutet schon die Unschärfe hin, die ein Teilchen aus unserer analytischen Sicht so unberechenbar werden lässt. Doch warum sollte dies bei dem Informationsfluss zwischen Sonne und Erde anders sein? Es könnte, nüchtern betrachtet, zwar ein Informationsfluss und nicht nur eine physikalische Anziehungskraft sein, worin schon viel mehr an Möglichkeiten stecken würde. Doch könnte diese Information so ziellos und unstrukturiert sein, dass sie auch gleich nur als einzelne seelenlose Kraft betrachtet werden kann. Auch hier wieder, im Einklang zur Wissenschaft, ohne zu beachten, dass es Leben gibt. Wir könnten hingegen auch weiter mit unseren Leben schaffenden Emergenzen argumentieren und mehr oder vielmehr in diesen Informationsfluss hineininterpretieren. Warum soll es nur beim Bewusstsein Emergenz geben dürfen? Das würde dann nur wieder auf einen allmächtigen Gott und eine unsterbliche Seele hinauslaufen. Entweder lassen wir es zu, dass es immer wieder bei großen Individuen zur Emergenz kommt, so wie sich Leben hier auf der

Erde in jeder Nische, wo es möglich ist, realisiert oder die Entstehung von Leben bleibt ein Geheimnis.

Sollte die Emergenz das Normale sein, dann werden wir zwar von unserem Thron gestoßen, unser Bewusstsein wäre nicht so einmalig und unsere Seele wohl auch sterblich, doch ist der Tod dann nicht so atheistisch endgültig und andere unbekannte, nicht fassbare Emergenzen könnten uns danach erwarten. Der Informationsfluss selber zwischen Sonne und Erde ist vielleicht nicht emergent, weil zwischen Quanten kein Austausch stattfinden kann. Aber die Verbindung der emergenten Komplexität der Erde als Ganzes und der Sonne ist möglicherweise mehr und wichtiger für das Leben hier und dem, dass es schon seit 3,5 Milliarden Jahren flüssiges Wasser gibt. Wasser, welches aus den Außenbereichen über Kometen ins Innere gebracht wurde. Dass es einen viel zu großen Mond gibt, einen Jupiter im richtigen Abstand, einen metallenen Kern, ein Magnetfeld und vieles mehr.

Wie diese Emergenzen aussehen können, wie sie unsere Erde beeinflussen, bleibt rätselhaft. Wir können fremde Komplexitäten nicht verstehen, erst recht nicht, wenn sie in ganz anderen Zeit Maßstäben ablaufen. Wie schon erwähnt, selbst intelligente fremde Wesen, die auch ein so schnell laufendes Gehirn haben, können vermutlich nicht mit uns kommunizieren, weil die Komplexität und die daraus entstehende Emergenz immer anders ist und wohl unbegreiflich bleibt.

15 Körperzellen als bewusste Einheiten

Nehmen wir als Beispiel unseren Arm. Wir können ihn fühlen, denn es gibt Nervenverbindungen von ihm zu unserm Gehirn. Wir nehmen Druck und Wärme wahr, haben einen Tastsinn und verspüren auch Schmerzen. Er ist mit zahllosen Sensoren ausgestattet, besonders in den Fingerkuppen, die offensichtlich eine sehr große Bedeutung haben, sonst würde sich der Körper nicht so viel Mühe geben so lange Nervenbahnen zu legen, die kompliziert durch die engen Gelenke geführt werden müssen. Neben den Sinnen gibt es aber auch Verbindungen zu den Muskeln. Wir können den Arm und die Hände bewegen und das nicht nur grobmotorisch, plump und abgehackt, sondern faszinierend fein gesteuert, aber auch sehr kraftvoll oder extrem schnell - zum Beispiel, wenn wir ein Instrument spielen. Die vielfältigen Bewegungsmuster und Sinneseindrücke die wir erfahren werden nicht von unserem Bewusstsein gesteuert, sondern die Bewegungen werden vielschichtig intuitiv gemacht und wir bekommen dann noch nachträglich für unser Bewusstsein, als Bonbon, ein Erleben mitgeteilt, welches uns ein Gefühl von Geschlossenheit und Stimmigkeit gibt. Wir haben das Empfinden, unser Wille regelt den Arm und die Hände und unser Bewusstsein, unser eines Bewusstsein steht als eine Persönlichkeit, als ein einzelnes Ganzes im Raum und in der Zeit.

Tatsächlich ist der ganze Bewegungsablauf schon zeitlich längst vergangen, wenn wir ihn bewusst wahrnehmen. Unser Geist ist nicht in der körperlichen Jetztzeit, sondern hinkt immer ein klein wenig zurück. Nicht viel, nur Bruchteile von Sekunden, aber auch für uns Menschen ist das Jetzt nicht so emergent wie es sich anfühlt. Unsere Taktung verläuft im Bereich von 100 Mikrosekunden. Wären wir eine Fliege, würden wir uns wundern, warum Menschen so langsam sind. In unserer Taktung kommen wir uns aber völlig geschlossen vor. In allem!

Selbst die Art, den Arm zu bewegen, ist für jeden Menschen individuell. Und wir können nicht, auch wenn wir es wollen, diese Bewegungsabläufe schnell mal einfach ändern. Wir können den Ablauf modifizieren, wir können ihn sogar bewusst beeinflussen, aber nie von jetzt auf gleich. Findet das Gehirn keinen zwingenden Grund, warum gut laufende Bewegungsmuster neu gestaltet werden sollen, dann werden wir diese Idee schnell wieder aufgeben, denn die Natur vermeidet auch unnötigen Energieaufwand. Die Emergenz ist da, das Gefühl, der ganze Bewegungsablauf ist etwas Einziges und es fühlt sich nicht wie die Summe von ganz vielen Muskelzellen an. Eine Emergenz, die uns nach ein paar Jahren hier auf der Erde schon so selbstverständlich vorkommt, dass sie uns langweilen würde, wäre da nicht noch mehr.

Doch selbst diese vielfältigen Bewegungen sind noch lange nicht der ganze Arm. Ein Großteil der Versorgung, Regelung, Teilung und des Wachstums, alle diese Abläufe funktionieren ohne dass wir irgendeinen Zugang dazu hätten. Die meisten Erhaltungs- und Lebenspro-

zesse verlaufen ohne eine zentrale Steuerung. Sie sind lebendig, denn alles an uns, außer vielleicht den Haaren und Nägeln, ist lebendig. Die Zellen arbeiten zusammen, sind hochgradig komplex, wie zum Beispiel unser Immunsystem, erneuern selbstständig alte Zellen und doch werden sie nicht aktiv von unserem Gehirn gesteuert. Alle unsere Zellen sind kleine lebendige Einheiten, jede mit einem eigenen Kern. Die Zellen sind zumeist extrem spezialisiert und können nur im Ganzen überleben. Es ist nicht einmal sicher, ob sie das Ganze, geschweige denn unser Bewusstsein kennen. Und doch müssen sie, wie Ameisen, aus ihrer Schwarmintelligenz oder ihrem Schwarmbewusstsein heraus miteinander kommunizieren und sinnvolle Arbeiten ausführen. Innerhalb ihrer Gemeinschaft autark sein. Und da fragen wir uns, gibt es nur unser Bewusstsein und unsere Intelligenz oder können auch solche Gemeinschaften intelligent sein und Bewusstsein haben. So gut wie unser Arm funktioniert, sich repariert und unserer Steuerung nachkommt, könnten wir das nicht besser machen, ja wäre es für uns wohl gar nicht möglich, dies zu entwickeln. Solche Vorgänge funktionieren nur als Schwarm so perfekt.
Fragen wir gleich weiter: Wenn es irgendeine Art von Kommunikation geben muss, ein Gedächtnis und eine Form von Wissen und Geist, wäre dies nicht eine Komplexität, die auch emergent ist? Wenn ja, so wäre es uns wohl nicht möglich, mit ihr zu kommunizieren oder sie zu verstehen.

16 | Der Raum als emergente Größe

Eine weitere überaus wichtige emergente Größe ist der Raum selbst. Wir haben schon bei der Zeit festgestellt, dass es nicht nur unsere Zeit, unsere bewusste Vorstellung von Zeitabläufen gibt. Der Ablauf der Zeit kann in ganz anderen Größenordnungen betrachtet werden. Wir können in Gedanken die Zeit dehnen oder stauchen, so wie ein Film in Zeitlupe oder Zeitraffer abgespielt werden kann. Dann erkennen wir wieder ganz andere kommunikative und ein Stück weit lebendige bewusste Beziehungen, die sich dabei ergeben. Verbindungen zwischen weit entfernten Sternen, die im Zeitraffer eventuell mehr miteinander austauschen, als nur ihre Gravitation. Oder Atome, die in Zeitlupe nicht mehr nur schlichte ungeordnete Zitterbewegungen machen, bei denen plötzlich auch mehr dahintersteckt, sich ein größerer Zusammenhalt offenbart. Selbst unser Bewusstsein muss mit unserer Zeittaktung betrachtet werden, sonst versteht man es nicht. Das Jetzt ist eigentlich nur ein infinitesimal kurzer Übergang zwischen Vergangenheit und Zukunft. Eigentlich kaum fassbar und doch so real.
Der Raum selbst soll nun eine ähnlich abstrakte Größe wie die Zeit sein, die eng mit den Partikeln verknüpft ist. Auch den Zwischenraum soll es so nicht wirklich geben und doch werden die Entfernungen durch den Teilchen-

aufbau strukturiert.

Ein Teilchen besteht nach unseren Vorstellungen aus zwei hauchdünnen Ebenen der Größe R_e^2, die sich in einem bestimmten Abstand gegenüberstehen. Dieser Abstand ist für unsere Raumvorstellung wichtig, denn zwei Teilchen können sich nur dann sehen, nur dann sich miteinander austauschen, wenn sie in einem entsprechenden Vielfachen zu diesem Ebenenabstand stehen. Teilchen müssen einander hin und wieder erfahren, sonst gehören sie nicht in diese Welt, sie sind kein Teil dieses Universums. Damit wird aber nicht der Raum zwischen den Teilchen existent, sondern der richtige Ebenenabstand scheint die alles entscheidende Größe zu sein. Der Ebenenabstand der Elementarteilchen schafft den Raum, die Entfernungen zwischen den Massen. Der richtige Ebenenabstand und die darauf ablaufende Kommunikation, der Austausch von Informationen. Jedes Teilchen hat damit immer eine Position in Bezug zu anderen und schafft dadurch ein Raumgefühl.

Alles in diesem Universum ist aber gleichzeitig ununterbrochen in Bewegung, nichts ruht, nicht ein einziges Partikel. Die momentane Position ist dabei, wie schon der Zeitmoment, eine infinitesimal kleine Größe, fast wie nicht vorhanden und doch ist auch sie so real. Die Position des einzelnen Teilchens ist von emergenter Ordnung, die von den vielen Verbindungen zu anderen Teilchen bestimmt wird - dem Netzwerk des Ganzen. Diese beiden Ebenen der Teilchen, ihrem Abstand und ihre Zeittaktung, legen den Raum und die Zeit im Großen fest. Es gibt eine kleine „Jetzt" Position, die sich aus den vielen Orts Punkten davor zusammensetzt und es gibt Positionen, die zukünftig belegt werden. Außerdem haben wir es immer mit größeren Massen zu tun, die sich aus vielen einzelnen Teilchen zusammensetzen. Diese Massen beschreiben wir fortan nicht als Teilchenansammlungen elektrischer und gravitativer Art, sondern als Netzwerke. Massen sind Netzwerke von Teilchen und der Massenschwerpunkt ist die sich aus dem Netzwerk ergebende emergente makroskopische Bewegung der Masse. Dieser virtuelle Schwerpunkt und die dazugehörende Schwerpunktsbewegung scheinen nun unendlich fein fließend abzulaufen. Das Netzwerk stabilisiert die Bewegung des Ganzen, macht aus diesen vielen völlig undurchsichtigen Einzelbewegungen eine große gemeinsame Bewegung durch den Raum. Stetig und ohne Sprünge, scheinbar genauestens berechenbar.

Die Bewegungen von Massen Körpern verlaufen so präzise, dass man darauf Formeln und Gleichungen finden und anwenden kann, die anscheinend von universeller Natur sind. Die klassische Physik ist bei den großen Massen in sich geschlossen, reproduzier- und vorhersagbar. Und doch sind diese Massen nur die Emergenzen von Netzwerken. Einerseits so viel mehr, andererseits viel, viel weniger. Der Schwerpunkt ist nicht wirklich, er ergibt sich nur aus unseren Rechnungen, aber die vielen kommunikativen einfachen Elemente dahinter sind es schon. Wie wir schon feststellten, sind diese Elemente selbst möglicherweise viel individueller und komplexer und schaffen nur gemeinsam etwas, was viel mehr zu sein scheint. Nämlich außer dem Schwerpunkt schafft dies auch den Raum, die Entfernungen zu anderen Massekörpern, die trägen Bewegungen in ihm und die so leichte, aber alles verändernde Kommunikation darüber. Wenn wir jetzt noch die Teilchenbewegungen, wie schon früher, als Teilchen Sprünge ansehen, welche zeitlos mit Lichtgeschwindigkeit ablaufen, wenn wir diese Teilchen Sprünge mit einbeziehen, dann schaffen die Netzwerke dahinter unsere vertrauten großen Massen erst die Langsamkeit!

Der Sprung eines Teilchens von Position zu Position ist noch zeitlos, die Bewegung des ganzen Netzwerks ist es nicht. Die Bewegung des Ganzen, repräsentiert durch seinen Massenschwerpunkt, ist endlich, obwohl es den Schwerpunkt nicht wirklich gibt. Massen haben Vergänglichkeit. Hier vergeht Zeit, dauert es ehe die Körper den Raum durchlaufen haben, trotz der Zeit- und Raumlosigkeit ihrer Elemente. Die Körper reagieren aufeinander, sie sind langsam. Körper ziehen sich allmählich an, bleiben sogar manchmal in Relation zueinander stehen oder sind so weit entfernt, dass der Austausch Jahre dauert. Der Weltraum ist so groß, dass die Zeit oft lange nur dahin kriecht, ehe sich irgendwann plötzlich die Ereignisse überschlagen. Es braucht Jahrmillionen, ehe zwei Sterne zusammenstoßen, doch dann tut sich auf einmal sehr schnell ganz viel, reagieren die Objekte rasant aufeinander.

Geben wir jedem Teilchen ein Stück weit ein rudimentäres eigenes Bewusstsein, dann erklären sich die großen Voids ganz von selbst. Sind Teilchen kleine oder besser kleinste Individuen, die genau wie wir das Netz zu anderen suchen, den Austausch und die Verbindung, dann wollen sie die Gemeinschaft, die Geselligkeit. Keines will in einer endlosen Wüste einer völligen Leere zurückbleiben, denn das würde nur Einsamkeit bedeuten. Kommunikativen Austausch, der sich nur in quälenden vielen Millionen Jahren abspielt.

In den Sternen hingegen geht die Post ab. Man müsste die Zeit reduzieren, wollte man die Kontakte verfolgen, so schnell verlaufen die Prozesse in den Sonnen. Wohingegen bei den zurückgelassenen Teilchen in den Voids fast gar nichts mehr passiert.
Netzwerke würden dann auch elegant die unverständlichen Bewegungsänderungen erklären, die bisher mit unseren Modellen nicht zu verstehen sind. Fluchtbewegungen der Teilchen und Masse Körpern, heraus aus den Voids zum Beispiel, können auch mit Begriffen von Panik beschrieben werden. Dies wird dann mit unserem Bewusstsein, unserer Vorstellung formuliert, weil wir uns natürlich nicht in ein Teilchen selber versetzen können. Aber lassen wir Selbstähnlichkeiten zu, dann gibt es im Elementarbereich vielleicht auch etwas, das mit Panik vergleichbar ist. Die Netzwerke der Massen verlassen weite Bereiche im Raum wo sich immer größere Leeren auftun und suchen die großen Massenansammlungen, die in filamentartigen Kommunikationsströmen miteinander verbunden sind. Wie Städte, Ballungsräume, Straßen und Autobahnen. Diese Flucht aus den Leeren geschieht nicht langsam und gemessen, sondern stark beschleunigt, bis hin zu den wirklich grenzwertig hohen Geschwindigkeiten, also eher panisch. Dies wäre dann mit der Größe solcher Leerräume vereinbar. Dann könnte ursprünglich mal die Masse gleichmäßig verteilt gewesen sein und sich über die Jahrmilliarden Voids von der Größe bis zu einigen 100 Millionen Lichtjahren gebildet haben. Es entstanden Bewegungen, die mit dem Netzwerk zu tun hatten, so wie alle Massenansammlungen nicht allein nur über die Gravitation erklärt werden können, sondern auch hier die Netzwerke der Teilchen

entscheidend sind.

Unser Universum ist kein Raum, der schon seit Milliarden von Jahren nur mit einem gleichmäßig verteilten Gas gefüllt ist. Es ist kein Fahrradschlauch und er ist auch nicht wie ein Ballon. Die Luft im Schlauch oder im Ballon würde sich auch in Millionen Jahren nicht zu Massekörpern umwandeln, wären es nur freie Teilchen, halb Welle halb Partikel, unfähig zu kommunizieren.

17 | Die Netzwerke

Wir brauchen also Netzwerke, die mehr sind als nur gravitative Verbindungen. Die tatsächlichen Bewegungen, welche uns so real vorkommen und physikalisch mit abstrakten logisch mathematischen Gleichungen berechnet werden können, diese Geschwindigkeiten sind nur von virtueller Art. Bewegen tut sich das Einzelteilchen und dabei folgt als Überlagerung eine Driftgeschwindigkeit, die langsam und endlich ist. Solch eine Driftbewegung ergibt sich aus dem kommunikativen Zusammenspiel seiner Partikel, die selbst nur zeitlose Sprünge machen können. Die zeitlosen Sprünge der Teilchen, die hier verschwinden und dort wieder auftauchen und als Unschärfe der Elementarteilchen abgetan werden, sind nicht willkürlich. Sie erwachsen aus dem Ablauf zu anderen Teilchen über die Gravitation. Die exakten Verbindungen werden in Ebenenverschiebungen gespeichert, liegen aber in einem Bereich, der der Physik nicht zugänglich ist. Ein einzelnes Teilchen weiß aus seinem Speicher heraus, mit wem es Kontakt hatte und mit wem es wieder Kontakt aufnehmen muss. Dabei spielt der physikalische Raum, besser unsere Raumvorstellung davon, keine Rolle. Tauschen sich zwei Objekte aus, dann sind sie für diesen Moment beieinander, egal wie weit sie in unserer Welt entfernt sind. Dieser Raum und diese Zeit, wie wir sie kennen, spielt für Teilchen keine Rolle. Wir messen die Zeit, wo ein Partikel verschwindet und stoppen sie, wenn es wieder auftaucht. Das ist aber unsere Zeit, die dazwischen vergeht, nicht die des Teilchens. Die endliche Zeit ist eine emergente Größe, die es nur in unserer Welt gibt. Das Teilchen weiß, wo es hin muss, wann es mit wem zusammen war oder ist. Diese Informationen sind zwar nicht willkürlich, bleiben aber für uns unerreichbar verschlossen.

Als komplexe virtuelle Wesen können wir die realen Abläufe nicht fassen - wir bestehen aus ihnen. Wir können Teilchen nur mit emergenten virtuellen Geräten beobachten und analysieren. Um das einzelne Teilchen verstehen zu können, müssten wir selber ein Teilchen sein, nur wären wir dann nicht ein Ich.

So wie man keinen einzelnen Gedanken festmachen kann, sondern nur die beteiligten Nervenzellen beobachten, so können wir auch nur das Netzwerk der Teilchen beobachten und daraus versuchen, einen Zusammenhang zu finden, der aber nicht das verrät, was noch in dem Netz steckt. Unsere Gedanken sind das, was die Entscheidung trifft, woraus sich Bewegungen und Abläufe ergeben. Nur Muskelkontraktionen ohne Steuerung würden nicht zu einer planvoll gerichteten Bewegung führen. Die Güte der Gedanken macht die Qualität der Bewegungen aus. Ein großes Miteinander der Nervenzellen im Gehirn kann bis hin zu einem virtuosen Geigenspiel führen. Die Nervenzellen selbst sind zwar sehr spezialisierte kleine Individuen, doch für einen Gedanken sind sie nur Mittel zum Zweck. Keine einzige Zelle kennt Beethoven oder könnte sein Violinkonzert wiedergeben. Die einzelne Zelle ist nichts. Doch dieses fein abgestimmte Ganze wird tatsächlich zu etwas, das man so nicht erwartet hätte. Der Aufbau eines einzelnen Elementarteilchens muss nicht besonders kompliziert sein, speziell ja aber nicht außergewöhnlich. Und doch können sich dann selbst hier, im Zusammenschluss zu anderen Objekten, über die Zeit einfache Formen von Ideen und Entscheidungen entwickeln, die die Strukturen gerichtet in Bewegung setzen. Im Einklang mit den Energie- und Erhaltungssätzen, aber nicht im Einklang mit der Entropie. Entropie lässt nur dumme Materie zu. Packendes gibt es nach der Entropie schon gar nicht auf den tiefsten Stufen der Materie, den Teilchen. Hier bei den vielen Teilchen sollte sich insbesondere die Entropie in ihrer reinsten Form zeigen. Und vielleicht tut sie das auch bei unseren großen Maschinen wie einer Dampfmaschine, aber eben nicht beim Leben und auch nicht bei der Sternenbildung und wahrscheinlich allen bedeutenden und wichtigen Entstehungsprozessen. Da sehen wir deutlich, dass noch viel mehr dahinter stecken muss, weigern uns aber, verbissen unsere physikalischen Gesetze auch nur im kleinsten Detail zu modifizieren.

Wenn wir von Leben und den wichtigsten Voraussetzungen dafür sprechen, dann denken wir zum Beispiel an die Erfindung der Photosynthese. Was für die Menschheit das Rad ist, ist für das Leben die Photosynthese. Ohne die Photosynthese, die Möglichkeit aus Sonnenlicht mit Hilfe von Wasser und Kohlendioxid Zucker herzustellen und damit Energie, Sonnenenergie zu speichern, wären wir nicht unabhängig geworden, hätten wir uns nicht weiterentwickeln können. Energie zu speichern und bei Bedarf gezielt zur Bewegung oder zum Wachsen einzusetzen, eröffnet natürlich ganz andere Wege. Als Nebeneffekt der Photosynthese entstand Sauerstoff in Gasform. Die Atmosphäre reicherte sich zwar langsam aber stetig mit diesem sehr reaktionsfreudigen und damit aggressiven Gas an. Sauerstoff konnte sensible organische Zellen wieder zerstören. War also eigentlich nur wie ein Gift für alles mikrobielle Leben. Hätte man sich mit unserem Geist auf die Schöpfung von lebendigen Organismen begeben, hätten wir lange darüber gegrübelt, wie man dieses Gas am besten entsorgen könnte. Denn über die Jahrmilliarden wurde es langsam zur Bedrohung für das Leben. Gut, dass wir nicht Einfluss nehmen konnten, denn auf wundersame Weise war die Sauerstoffanreicherung die Voraussetzung für höheres komplexeres Leben, also das für uns eigentlich interessante Leben. Die zunehmende Bedrohung durch den Sauerstoff erhöhte den Druck auf die Organismen, einen Weg zu finden, wie man mit Sauerstoff zurechtkommt. Die Lösung dazu führte langfristig zum Aufstieg der Metazoen und Pflanzen, also den mehrzelligen komplexen Lebewesen.

Bisher formulierten die Menschen solche wundersamen Entwicklungen immer mit dem Begriff der Evolution. Die Evolution hat einen Ausweg gefunden oder die Evolution brachte die Mehrzeller hervor. Entweder als wäre die Evolution ein Baumeister oder die Theorie nach Darwin von „try and error" führte über die Auslese zu den vielen nachhaltigen Erfolgen in der Geschichte des Lebens. Immer in der Hoffnung, dass sich dies auch ohne einen Gott, nur aus sich selbst heraus so entwickelt hätte. Vielleicht würde sich auch unter sehr günstigen Bedingungen das richtige ergeben, aber es bleibt doch ein Zweifel, ob dies wirklich so gezielt und regelmäßig passieren würde, wenn man diese vielen und wichtigen

Entwicklungsvoraussetzungen nur dem Zufall überlässt, nur das Glück als einzige Quelle der Schöpfung akzeptiert.

Wir denken, all diese unbegreiflichen kreativen Fortschritte wären nie von selbst geschehen, auch nicht in noch so vielen Universen der gleichen Machart.

Beobachten wir in Analogie zur vernetzten Welt unser Gehirn, wie die Gehirnleistungen zustande kommen, dann zeigt uns zum Beispiel der Hirnforscher Gerald Hüter in seinen Vorträgen, dass das Gehirn sich nicht nach einem Plan entwickelt, sondern dass es immer in Verbindung zu dem Körper steht. Wurden beim Körper die Arme vergessen, dann werden auch keine entsprechenden Nerven im Gehirn angelegt und das Gehirn kann nicht die entsprechenden Bewegungsmuster einüben. Die Netzwerke für die Armsteuerung fehlen einfach. Aber auch noch subtiler ablaufende Prozesse der Bewegung werden nicht so eins zu eins, hier Arm – da Steuerung, angelegt. Will das Ich nur von A nach B kommen, so reichen wenige Bereiche im Gehirn, um dies sehr effektiv zu schaffen. Je effektiver, also je fester verankert der Weg im Gehirn ist, desto weniger Bereiche werden benötigt. Möchte das Ich aber ein Welterlebnis auf dem Weg dorthin mitnehmen, dann muss es seine innere Einstellung, also seine Haltung zur Bewegung ändern. Es muss sich für vieles öffnen, sich öffnen wollen und dabei das ganze Netzwerk ansprechen, das heißt viele Areale des Gehirns. Das Ich reduziert seine Effektivität, vergrößert dafür sein Weltempfinden und seine Kreativität. Was aber noch entscheidender ist: Wir müssen unsere Haltung zur Bewegung ändern, wenn wir mehr von dem Spaziergang haben wollen.

Und die Haltung ist etwas überaus Abstraktes - viel mehr als nur der Weg von A nach B. In der inneren Haltung, der Einstellung zur Welterfahrung steckt eine Emergenz die mehr will. Die Haltung entscheidet über den effektivsten oder den intensivsten Weg. Die Bewertung der Bewegung folgt aus der Gedankenwelt und nicht umgekehrt. Die Bewegung wird nur dann als etwas Besonderes wahrgenommen, wenn wir eine positive Einstellung dazu haben, obgleich die Bewegung der Muskeln real ist, die Einstellung zur Bewegung nicht. Die entsteht nur aus dem Gedanken Netzwerk.
Übertragen auf die Evolution hieße das, dass vielleicht auch hier, wie in allem, die Photosynthese erst im Netzwerk gedacht wurde, ehe die Mikroben sie umsetzen. Aus der Kombination von dem Zusammenspiel der Körper und dem Entwickeln von Strategien darüber, wie es weiter gehen könnte, schreitet das Leben zu immer neuen Höhen, wenn sich eine Möglichkeit dazu ergibt. Wollen die Moleküle und einzellige Wesen nicht auf ewig im Jetzt verharren, müssen sie sich Strategien ausdenken. Und diese Strategien entwickeln sich aus den Emergenzen der Netzwerke, die es auch in einfachen Lebensformen geben muss. Eine Art Schwarmintelligenz, die immer am Ganzen arbeitet. Vielleicht steht für Materie Vereinigungen viel deutlicher fest, dass der einzige Weg nur über die Photosynthese und langsame Sauerstoffanreicherung hin zu komplexen höheren Leben funktioniert oder sich verwirklichen lässt. Die Netzwerke können die verschiedensten Wege durchspielen, schnell und effektiv und dann versuchen sie es irgendwo, irgendwie zu realisieren.

18 | Die Elemente

Außer der Photosynthese gibt es noch etwas, was als Grundvoraussetzung für alles Komplexe überhaupt erst geschaffen werden musste. Etwas, der sehr hohen Einsatz und viel Zeit und Mühe kostete und das als die eigentlichen Bausteine unserer lebendigen Welt angesehen werden muss. Es ist das Periodensystem der Elemente. Es gibt 94 natürliche Elemente, wobei 83 davon primordial, also von Anfang an auf unserer Erde vorhanden waren. Zwar eine Hand voll, wie Plutonium nur in äußerst geringen Mengen, aber immerhin, fast alle Elemente und das, wo doch unser Universum zu 90% aus Wasserstoff und 10% aus Helium besteht. Der Anteil aller anderen höheren Elemente macht nur 0,1% aus.
Auf der Erde zeigt sich eine ganz andere Verteilung. Hier sind, auf die ganze Erde bezogen, Sauerstoff, Eisen, Magnesium und Silicat die häufigsten Atome, wobei das Eisen zum größten Teil im Kern sitzt, dort aber eine wichtige Rolle für das Magnetfeld spielt, welches für uns überlebenswichtig ist. Die Erdkruste besteht massenanteilig fast zur Hälfte aus gebundenem Sauerstoff, dann zu 28% aus Silicat, 8% Aluminium, 5,6% Eisen und einigen Prozent Natrium, Magnesium und Kalium. Auch in unserer Atmosphäre ist der Anteil von Wasserstoff nur 0,9%. In unseren Ozeanen macht der Wasserstoff immerhin knapp 11% aus und der Sauerstoff etwa 86%.

Da alle diese Angaben sich auf die Masse beziehen, ist der Anteil von Wasserstoff mit der Ordnungszahl 1 im Vergleich zu Sauerstoff mit der Ordnungszahl 16 so viel kleiner. Beziehen wir das Ozeanwasser auf die Anzahl, dann hätte ein Wassermolekül 2 Wasserstoff- und ein Sauerstoffatom. Also kämen wir umgerechnet auf 87% Wasserstoff und auf 86% Sauerstoff.
Egal wie wir die Verteilung der Elemente auf der Erde drehen, sie entspricht hier in keinster Weise den Häufigkeiten im restlichen Universum. Betrachten wir nun noch den Anteil der chemischen Elemente beim Menschen, dann ist die Zusammensetzung wieder anders und durch eine hohe Vielfalt essentieller Stoffe geprägt. Bezogen auf ein Mol, also auf ein Wasserstoff oder Sauerstoff-Molekül, sind Sauerstoff und Wasserstoff in Form von flüssigem Wasser die häufigsten Stoffe, gefolgt von Kohlenstoff, Stickstoff, Calcium, Phosphor, Schwefel, Natrium, Kalium, Chlor, etc. alles essentiell wichtige Bauteile unseres Körpers. Insgesamt 36 Elemente, die überwiegend lebensnotwendig sind, brauchen wir, um einen Menschen aufbauen zu können.
Beschäftigt man sich mit den reinen Zahlenwerten und den Elementen, so spürt man sofort ein Unbehagen, wie so jemals ein Mensch nur durch Zufall und Auslese entstanden sein soll.

Doch steht vor dem Leben erstmal die Entstehung der vielen, so raffiniert angelegten Elemente selbst. Wer denkt sich solche Bausteine der Schöpfung aus? Kann so etwas wirklich nur aus sich heraus entstanden sein?

Bleiben wir bei unserer Hypothese, dass es zwar keinen Gott gibt, die Elementarteilchen und die Wasserstoffatome aber auch viel mehr sind, als nur physikalische Objekte. Sie speichern ab und sie tauschen sich aus und entwickeln dabei Netzwerke, die Einfluss auf die Bewegungen nehmen. Zum einen wollen die Teilchen in den Netzwerken verbunden sein, nicht alleine zurückgelassen werden. Sie wollen sich immer schneller austauschen, müssen von daher näher rücken. Gleichzeitig entstehen Netzwerke, die sich wiederum von den Anderen teilweise absetzen wollen. Man kann sich nun fragen, ob angesichts der großen Herausforderungen, Teilchen zu höheren Elementen zu fusionieren, ob es dabei nicht auch schon ein Wissen um den Weg dorthin im Netzwerk gibt, geben muss?

Wir gehen davon aus, dass Teilchen, Gruppen von Teilchen und Netzwerken sich immer weiterentwickeln wollen, so wie dies auch in der menschlichen, tierischen oder pflanzlichen Natur steckt. Alles Leben sucht nach Überlegenheit. Sind diese ersten, extrem großen Netzwerke zwischen den Teilchen mehr, als wir uns vorstellen können?

Viel experimentierfreudiger und auf ihre Art intelligenter als wir begreifen, dann können diese Netzwerke vielleicht erkennen, dass es nur mit extrem hohen Temperaturen und äußerst großen Drücken möglich ist, einfache Atome zu verschmelzen, um dann wieder neue und komplexere Verbindungen entstehen zu lassen.

Wir bewegen uns da im Bereich der Esoterik oder eines Science Fiction, ganz klar, aber wir können es auch nicht ausschließen. Es kann durchaus sein, ohne dass wir es beweisen können, dass es hier schon Selbst Ähnlichkeiten zu uns oder zum Leben gibt. Das diese großen Netzwerke nicht ganz so zufällig die Materie in absolut riesigen Sternen verdichten, weil es die einzige Möglichkeit darstellt, die Entwicklung weiter zu bringen. Alles, die Größe der ersten Galaxien und ihrer Sonnen, aber auch die Geschwindigkeit mit der die Netzwerke vorgehen, wäre dann nicht so zufällig. Die bis heute so unerklärliche Frage nach der Größe und Geschwindigkeit mit der die ersten Galaxien entstanden, welche wir mit den stärksten Teleskopen, am Rande des Universums so kurz nach dem Anfang beobachten, ließen sich dann elegant lösen. Genauso, wie unser Bewusstsein die technische und nun digitale Revolution zeitlich explodieren ließ, so lassen sich die atemberaubenden Geschwindigkeiten, wie Sonnen entstanden und Elemente darin geschmiedet wurden, erklären. Es wäre dann ein steuerndes virtuelles Bewusstsein, das als einzigen Ausweg aus der Sackgasse des Stillstands, die Idee umsetzen, endlos große Teilchenansammlungen in Form von Sonnen zu konzentrieren.

Beschreiben wir es mal anders. Freie Protonen und freie Elektronen mit zu hohen Geschwindigkeiten können sich nicht zu neutralem Wasserstoff verbinden. Sie müssen sich erst abkühlen. Kühler Wasserstoff wiederum verdichtet sich nicht automatisch zu Wolken und weiter zu Sonnen. Haben wir sehr viel Raum zur Verfügung und darin sich bewegenden Wasserstoff, kann dieser Zustand auch völlig unspektakulär noch ewig so bestehen bleiben. Auch in einem sehr, sehr großen Raum mit sehr vielen Wasserstoffatomen wäre die Möglichkeit, dass sich zufällig Teilchen in Wolken konzentrieren, die sich dann zu Sternen und Planeten weiter zusammenziehen, statistisch eher ein seltenes Ereignis. Ohne weiteren Grund kann das Universum auch genauso gut bis heute nur mit einem gleichmäßig verteilten Wasserstoffgas angefüllt sein. Wir sehen aber um uns herum die verschiedensten Gestirne, Planeten, Monde, Galaxien, Galaxienhaufen und Galaxien Superhaufen. Auch im Universum auf großen Maßstäben scheint alles miteinander vernetzt zu sein. Und das anscheinend schon relativ bald nach der Entstehung der Teilchen. Sowohl bei unserem Ansatz, als auch im Urknallmodell. Die Theorien brauchen also nicht nur einen Beschleuniger, sondern sie brauchen sogar einen Initiator. Ohne irgendetwas zusätzliches würde noch nicht einmal eine Wolke aus Wasserstoff zwingend entstehen. Das Grundmodell des Universums ist zu schlicht angelegt, irgendetwas fehlt.

Entsprechend haben die Urknalltheoretiker sehr schnell die dunkle Materie eingeführt, die nun anteilig mit ihrer viel größeren Masse, von Anfang an den Keim für die baryonische Materie liefert, sich an bestimmten Punkten zu konzentrieren. Nur wenn die spekulative dunkle Materie nicht sonderlich komplex, sondern eher von punktförmiger Gestalt ist, dann sollte sich die Materie auch nicht sonderlich strukturiert darum herum ansammeln. Es entstünden keine Galaxien, sondern nur sehr große leuchtende Körper. Dann fragt man sich aber, wie so schnell diese riesigen Protogalaxien mit ihren gigantischen schwarzen Löchern entstehen konnten. Das hört sich nämlich nach sehr ausdifferenzierten Objekten an. Sollte hingegen die dunkle Materie selber auch schon viel komplexer angelegt sein, dann stellt sich diese Form der unbekannten Materie eher wie eine Mogelpackung dar, in die alles Unerklärliche hineingelegt wird, nur um an den Modellen festhalten zu können. Erst recht, wenn wir bis heute noch keinen Kandidat für die dunkle Materie gefunden haben. Der Nachweis für ihre Existenz geschieht bisher immer nur indirekt.

19 | Denkende Netzwerke

Bleiben wir bei dem Gedanken an eine vernetzte Materie.
Nach unserem Modell liegt die neu entstandene Materie außen am Rand des Universums und für sie bestünde nur weniger Grund, sich vernetzen zu müssen, wäre sie nur aufgebaut wie kleine Kügelchen. Wenn sie aber aus Ebenen besteht, die die Verbindungen auch speichern und dann noch über Kontakte immer mehr Verbindungen zu anderen Teilchen herstellen, dann bilden sich Netzwerke aus, die ohne jeden Zweifel wirklich groß werden können. Groß und über die Zeit extrem schnell in ihrem inneren Ablauf. Das Netzwerk ist sehr groß und im permanenten Erregungszustand. Dieser Erregungszustand wird anfangs noch durch die wirklich großen Entfernungen ausgebremst, was mit der endlichen Lichtgeschwindigkeit zu tun hat. Auch wenn diese ersten Erregungszustände noch nicht bewusst oder emergent sein sollten, so würde sich der Erregungszustand aller zum Netzwerk gehörender Teilchen drastisch mit zunehmender Konzentration erhöhen. Wenn nicht sogar fast explodieren. Die Netzwerke reißen irgendwo ab, ziehen sich zusammen, erhöhen dann die Sequenzen untereinander während sie sich von anderen Netzen abgrenzen. Das aus einer recht homogenen Verteilung der Teilchen sich erste Teilchen Wolken bilden, aus denen sich später die Sterne

und Galaxien entwickeln, liegt in unserem Modell nicht in statistischen Ausschlägen begründet, sondern an den Netzwerken. Statistisch wäre eine stark ungleiche Verteilungen der Materie selten. Wir sehen aber die Sterne und Systeme als Normalfall im Universum. Der eigentliche statistische Ausnahmefall stellt die Regel dar. Der Weltraum ist mehr mit Sternen und Galaxien erfüllt als mit einem gleichmäßig verteilten Gas. Ansonsten könnten wir die fernen Quasare gar nicht sehen, das Licht würde je mehr verschluckt werden, je weiter weg die Objekte sind.

Bleiben uns noch die Netzwerke als Erklärungsmodell für das Außergewöhnliche. Netzwerke können Materie bewusst steuern und ihre Bewegung gerichtet lenken. Aber selbst, wenn diese Netzwerke sich nur aus dem einen Grund zusammenziehen, um ihren Erregungszustand zu vergrößern und die Abläufe zu beschleunigen, würde das schon ausreichen, um diese Abgrenzung und die vielen Verdichtungen erklären zu können. Ein Netzwerk würde aufgrund von virtuellen Gründen die Materie gerichtet steuern. Es braucht damit schon eine gewisse Orientierung über das Ganze, über die Grenzen des Netzwerks und wo sich mehr die zentralen Bereiche befinden. Eine solche gerichtete Bewegung, die nicht rein mathematisch zufällig ist, kann auch mit einer gewollten oder eben auch einer bewussten Bewegung umschrieben werden. Man kann sich darüber streiten, ob sich dieses Bewusstsein auf äußerst niedrigem Niveau befindet oder ob mehr dahintersteckt, doch sollte man es schon als eine bewusste Handlung ansehen. Immerhin entstehen auch unsere Bewegungen aus Netzwerken der Nervenzellen. Hier lassen wir ein Bewusstsein gelten, das nur aus dem

Ganzen der Teile dieses Netzwerks entsteht.

Wir können es nicht wissen, aber da wir uns auf den Weg gemacht haben, die Natur viel emergenter zu beschreiben, sollten wir jetzt keinen Rückzieher machen und das, was da in den riesigen Netzwerken entsteht, als zu mickrig beschreiben. Sehen wir uns an, wie unterschiedlich die einzelnen Sonnen ausfallen, die aus ursprünglich so homogen angeordneten Urteilchen entstanden und noch heute entstehen, dann scheinen diese Netzwerke mehr zu sein. Unterschiedlicher und damit als Ganzes individueller als gedacht. Die Komplexitäten ordnen sich nicht zu riesigen, kristallin festgelegten Strukturen, sondern zeigen eine gewisse Eigendynamik, die immer wieder andere Objekte hervorbringt. Vielleicht spiegelt eben die Vielfalt bei den Sternen, dass es auch in diesen ersten komplexen Zusammenschlüssen Emergenzen gibt, die über das Triviale hinausgehen. Vielleicht sind sogar die meisten reellen großen Bewegungen, Konsequenzen emergenter Überlegungen. Die Netzwerke haben einen Gedankengang und versuchen den innerhalb der physikalischen Möglichkeiten zu realisieren.

Netzwerke von Teilchen stecken viel mehr drin in den Partikeln. Es gibt eine Art Wissen darüber, was geht und was nicht.

So gibt es eine elektrische Abstoßung zwischen den Kernen von Wasserstoff, die innerhalb der Wasserstoffwolke nicht überwunden werden kann. Zwei Wasserstoff Atomkerne können sich einfach unter normalen Bedingungen nicht miteinander verbinden. Wenn, dann brauchen Sie viel mehr Bewegung. Vielleicht steht aber auch für Atome deutlich klarer fest, dass sie bei einer ausreichenden Bewegungsenergie das abstoßende Potential überwinden können und dann ganz dicht stabil beieinander wären. Wenn sich die Wolke folglich weiter zusammenzieht, dann steigt nicht nur das Erregungsmuster, sondern auch die Energie der Teilchen. Es kann sein, dass sich das Netzwerk nur immer weiter zusammenzieht, um die Erregungen zu beschleunigen und sie zu erhöhen. Es ist aber auch nicht ausgeschlossen, dass die Teilchen sich nur deshalb so dramatisch konzentrieren, um bewusst die Verschmelzung von Teilchen einzuleiten. Vielleicht war das Netzwerk mit der Austauschgeschwindigkeit und der Erregungsdichte eigentlich zufrieden, doch die Aussicht, die Entwicklung mit kompakteren und größeren Atomen zu verbessern, trieb das Ganze dazu, Materie bis hin zu Sonnengrößen zu verdichten. Es lässt sich nicht beweisen, aber es zeigt, wie fremde, emergente Zustände ticken könnten. Es wären Vorformen unserer Gedankenwelten. Nur, falls auch Emergenzen schon immer vorhanden waren und sich mit der Ausdifferenzierung verbesserten, können wir so eine Annahme nicht ausschließen.

Unser Gehirn ist extrem kompakt angelegt, äußerst strukturiert und gleichzeitig extrem wandlungsfähig. Das Netzwerk in der Wasserstoffwolke ist mit seinen Elementen und seinem Speicher viel einfacher aufgebaut, doch das Netzwerk, welches aus den vielen Verbindungen entsteht ist dafür ungleich größer. Es ist so groß, dass es sich nicht als Ganzes erregen lässt, es aber trotzdem unsere Netzwerkgröße sprengt. Unser Gehirn wird in einer lebendigen komplexen Umgebung geformt, das fehlt bei der Wasserstoffwolke, doch kann gerade dieser entscheidende Verlust dazu führen, dass das Netzwerk noch viel mehr nach Veränderung und Verbesserung giert. Es will beschäftigt werden und sucht sich Möglichkeiten, den Zustand zu verändern. Vielleicht weiß es viel mehr um die Schwierigkeiten in den Sonnen höhere Elemente zu schmieden.

20 Die Fusion

Bei genauerer Untersuchung offenbart sich, dass auch beim Schmieden der Elemente, schon nur bei der Wasserstofffusion, es mehr Schwierigkeiten gibt, als gedacht. Eine Sonne wie die Unsrige bringt nicht genug Energie in Form von Temperatur auf, um zwei einfache Wasserstoffkerne zu verschmelzen. Bei hohen Temperaturen, so wie sie in den Sonnen herrschen, liegt die Materie nur noch als Plasma vor. Elektronen und Protonen haben sich längst wieder getrennt. Wir finden in den Sonnen nur Wasserstoffkerne und die sich sehr schnell bewegenden Elektronen. Die Protonen, positiv geladen, die Elektronen negativ, doch sind sie bei mehreren tausend Grad viel zu schnell, viel zu unruhig, um sich zu neutralem Wasserstoff zusammenzuschließen. Insgesamt ist die Sonne elektrisch neutral, weil es gleich viele Elektronen und Protonen in den Sonnen gibt. Damit zwei Protonen fusionieren, müssen die Protonen gegen die Coulombbarriere, der elektrischen Abstoßung, bis auf 10-15 m, das ist ein Femtometer, sich nahe kommen. Dann würde die starke Wechselwirkungskraft dominieren und die beiden Teilchen, unter Aussendung eines Elektrons und eines Neutrinos, zu Deuterium fusionieren und sogar Energie dabei abgeben. So die Vorstellung nach der Standard Theorie der Teilchen.

Nach unserem Modell würde ein Neutron, das aus

einem Proton und einem Elektron besteht und ein Proton sich so nahe kommen, dass sich die Ebenen überlagern und ein Deuterium Atom entsteht. In beiden Fällen wird Bindungsenergie benötigt, die exotherm frei wird. Die nötigen Energiewerte für die einzelnen Teilchen finden sich aber nur bei thermischen Energien von etwa 10 Milliarden Kelvin. Unsere Sonne hat hingegen im Kern nur schätzungsweise einige Millionen Kelvin. Und die meisten Sonnen sind zudem noch viel kleiner als unsere. Also ein aussichtsloses Unterfangen. Leuchtende Sterne sollten deshalb eigentlich die Ausnahme bleiben. Doch die Sterne leuchten, selbst viel kleinere Sonnen. Es muss also etwas geben, dass die Fusion auch mit viel geringeren Temperaturen ermöglicht. Quantenmechanisch rettet man sich, indem man mit der Aufenthaltswahrscheinlichkeit argumentiert. Die Position eines Teilchens ist nicht so genau bestimmbar und damit auch nicht die Energie. Auch die Energie hat eine entsprechende Unschärfe. Das heißt, mit einer bestimmten Wahrscheinlichkeit liegt das Teilchen ein Stück weit innerhalb des Potentials oder das Proton leiht sich kurzzeitig etwas Energie aus dem Vakuum, um den Potentialwall zu überspringen, besser ihn zu durchtunneln. Dazu muss man wissen, dass das Vakuum in der Quantenmechanik nicht leer, sondern ein Hexenkessel an Teilchen und Energien ist, die allesamt zeitlich zu kurz für unsere Welt existieren, um unsere Welt beeinflussen zu können. Kurzfristig geht das aber, so die Theorie, sehr wohl, wenn es innerhalb der Unschärfe liegt oder was den Quanten Theoretikern lieber ist, statistisch im Bereich einer Wahrscheinlichkeit liegt, wenn es sich innerhalb der Aufenthaltswahrscheinlichkeit befindet. Dann verschwimmen kurzfristig die Grenzen und das Proton kann sich im Potential des anderen Protons wiederfinden. Über eine Umformung vom Proton zum Neutron und einem Neutrino für die Impulserhaltung und Energieabgabe stabilisiert sich dann dieser eigentlich so einfach gedachte Ablauf und wir erhalten ein Deuteriumatom.

Deuterium ist das einfachste Atom, welches aus zwei Elementarteilchen besteht, aber noch kein neues Element darstellt. Nach der klassischen Physik wäre so etwas nicht möglich, ohne die entsprechenden Energien und die Sonnen dürften nicht leuchten. Somit gilt auch das Leuchten der Sonnen, das ihren Ursprung in der Fusion im Sonneninneren hat, als Beleg für die Gültigkeit der Quantenmechanik.

Nach unseren Vorstellungen gibt es keine Unschärfe der Teilchen, sondern nur einen Bereich, der für unsere emergente Welt nicht erreichbar ist. Damit ein Proton und ein Neutron sich mit jeweils einer ihrer Ebenen parallel nahe genug gegenüberstehen ist nicht so sehr die Coulomb Barriere entscheidend, sondern die richtige Position, die richtige Stellung und der richtige Abstand, mit der passenden kinetischen Energie der beiden Teilchen zueinander.

Doch ob nun zwei Protonen über den Tunneleffekt fusionieren und dann ein Neutron und ein Deuterium entsteht oder ob erst ein Elektron sich mit einem Proton zu einem Neutron vereinigt, um dann ein Proton aufzunehmen und auf diese Weise das Deuterium entsteht, beides ist nicht so simpel wie es scheint. Für die beiden Protonen müssen besondere Bedingungen gelten, damit der Tunneleffekt überhaupt passiert, aber auch für unseren

Fall müssen die drei Teilchen, erst Proton und Elektron und dann Neutron und Proton, gut aufeinander abgestimmt sein und genau die richtige Energie mitbringen, damit es zur Fusion kommt. Man könnte lange genug warten und dann würde sich bei der Fülle von Teilchen schon die richtige Konstellation ergeben. Aber nur die Statistik als Erklärung zuzulassen, reicht unserer Meinung nach nicht aus. Eine Fusion wäre zu selten.

Bei unserem Modell muss nicht eine bestimmte Energie aufgebracht werden, damit ein elektrisches Potential überwunden wird, um dann im Potentialtopf gefangen zu sein, bei uns müssen die Teilchen abgebremst werden oder Energie verlieren. Ein Proton muss Energie im genau richtigen Maß abgeben. Proton und Neutron müssen einander sehen, d.h. im richtigen Verhältnis zueinander stehen und dann die richtige Energiemenge exotherm loswerden, um auf die gleiche Relativgeschwindigkeit zu kommen. Die Teilchen müssen sich dabei so frontal gegenüberstehen und nahe genug sein, dass es keinen anderen Raum als Option noch zusätzlich mehr gibt. Die drei Dimensionen sind dann auf nur eine zusammengefallen. Dann gehören das Proton und das Neutron zusammen und bilden fortan eine Einheit. Auch dies geht nur bei einer einzigen speziellen Energiemenge, die zur Beobachtung passt. So einen besonderen Zustand zu erreichen ist schon mal alles andere als einfach.

Von solchen Schwierigkeiten abgesehen, sollte sich die Kernfusion eigentlich auch umkehren lassen. Warum bleiben einige neue Atome stabil, andere zerfallen nach einer gewissen Zeit wieder. Warum zerfallen nicht alle Elemente bei diesen hohen Temperaturen und Drücken im Sternenzentrum wieder? Was ist anders mit unseren

stabilen Atomen des Periodensystems?
Brauchen wir noch eine vierte Wechselwirkungskraft, die den Zerfall regelt?
Wie lässt sich ansonsten erklären, dass Deuterium im Allgemeinen nicht zerfällt Tritium, das nächsthöhere Isotop aber schon. Warum sind Helium, Lithium, Bor, Kohlenstoff, Stickstoff, Sauerstoff, etc. anscheinend dauerhaft stabil, ihre Isotope aber nicht?
Warum gibt es nicht Atome, die nur aus Neutronen zusammengesetzt sind?
Langkettige Neutronenverbindungen – die wären doch viel leichter herzustellen, ganz ohne Coulombbarriere?
Warum verbinden sich nicht zwei Neutronen zu einem Deuterium unter Abgabe eines Elektrons?
Warum sind Protonen und Elektronen als Elementarteilchen stabil, Neutronen hingegen zerfallen schon nach zehn Minuten?

Verharren wir bei den Atomen, dann können wir nur die Beobachtung aufschreiben, katalogisieren, welches Element, welches Isotop wie lange braucht, um zu zerfallen. Vielleicht findet man auch eine Gesetzmäßigkeit, die den Zerfall in etwa vorhersagt, doch eine Begründung wird man so rein physikalisch betrachtet wohl nicht finden.

Eine andere Möglichkeit wäre es, die Materie mit einer gewissen Intelligenz behaftet zu betrachten. Für die chemischen Eigenschaften und die Verbindungen untereinander ist die Atomhülle absolut unverzichtbar. Eine so vielfältige Welt wie die Unsrige ist ohne eine Atomhülle nur mit vernetzten Kernen undenkbar. In einem Universum mit Atomen ohne Atomhülle, ohne den leichten Elektronen im Außenbereich, die so flink langkettige

Verbindungen herstellen, können wir uns komplexes Leben nicht vorstellen. Darum denken wir, die Frage muss anders herum gestellt werden, wie kann man am einfachsten mit den Elektronen, Protonen und Neutronen die maximal effektivste Welt erschaffen?
Die Antwort wäre klar. Eine Lebendigkeit wäre allein mit größeren und kleineren Neutronen Atomen, Neutronen, Ketten, ohne eine Hülle aus Elektronen, nicht möglich gewesen. Vielleicht ist alles Leben im Universum, nur genauso mit dieser Art Elementen als einzige Version umsetzbar. Ein Elektron pro Neutron-Neutron-Paar muss zwingend frei bleiben und den Kern wieder verlassen, es wird für die Hülle gebraucht. Zwei Protonen können sich nicht dauerhaft stabil zu einem Kern verschmelzen, aber je ein Proton und ein Neutron schon.
Damit und nur damit bilden sich immer größere Atome, die zum einen stabil sind und zum anderen immer ein freies Elektron für die Hülle übriglassen. Beispielsweise stellt ein Neutronenstern eine Katastrophe für die Vielfalt dar und ein Ende nicht nur für das Leben, sondern auch für das spannende Durcheinander der Atome. Alle so mühselig aufgebaute Vielfalt bricht wieder in sich zusammen. Eine Sternenruine, die wie ein einziger gewaltiger Atomkern nur noch aus Neutronen besteht, bei dem nur noch die Minimalbewegungen vorhanden sind. Ein Grab bei dem die Komplexität der Teilchen verloren ging. Wollen wir ein lebendiges Universum, dann ist das Periodensystem als notwendige Voraussetzung das vielleicht Einzige, das dies ermöglicht.

Wir weigern uns, andere Intelligenz- und Bewusstseinsstufen zuzulassen, akzeptieren aber sofort den Gedanken von der göttlichen Natur allen Seienden. Wahrscheinlich werden wir uns als wissenschaftlich denkende Menschen entscheiden müssen. Entweder begnügen wir uns damit, scheinbar exakte mathematische Formeln aufstellen zu können, dabei aber immer irgendwelche Ausnahmen in Kauf zu nehmen und für die meisten Beobachtungen keine Erklärungen zu finden oder wir öffnen uns für emergente Netzwerke. Protonen und Elektronen in Sonnen werden deshalb langsam, aber bewusst richtig zusammengeführt, weil die emergenten Netzwerke auf eine nicht menschliche Art wissen, dass nur dieser Weg zum Erfolg führt. Isotope zerfallen, stabile Atome, soweit sie bei den entsprechenden Temperaturen erzeugt werden können, tun dies nicht, weil es so am besten ist. Die emergenten Netzwerke wissen in einer subtilen Form, wie Materie für die Zukunft gestaltet werden muss. Ein Netzwerk wie unser Gehirn braucht eine komplexe Umgebung gleich unserer Welt und die Mitmenschen um zu wachsen, sich zu strukturieren. Später versuchen sie sich dann in der komplexen Welt zurechtzufinden und sie mit zu gestalten. Unser Geist, unser Gehirn, die Emergenz dahinter, eine virtuelle Größe hat das Antlitz der Erde nachhaltig verändert. Das Leben hat sich ein Stück weit von der Evolution abgekoppelt. Die großen Netzwerke der Sonnen sind viel einfacher in ihren Elementen, haben nur sich als Welt, nur ihre Materie aus der sie bestehen. Doch auch sie können die Bewegungsabläufe umfangreich beeinflussen und ein Stück weit kontrollieren. Sie haben so viel von dem elementaren Baumaterial, dass sie alle möglichen Szenarien durchspielen können. Ihr Wissen ist trivialer, weil ihre Welt auch einfacher ist. Trotzdem gibt es ein Wissen um die verschiedenen machbaren Möglichkeiten. Wie ausgeprägt und fein differenziert die Zukunftsmöglichkeiten sind müssen wir nicht vertiefen. Es reicht, dass das Netzwerk ein Wissen darüber hat, wie es einzig weiter geht.

Sollen irgendwo mal Blumen im Sonnenlicht einer milden Erde blühen, dann müssen Atome geschmiedet werden, die nur aus Protonen und gleich vielen Neutronen im Kern bestehen, die nicht wieder zerfallen. Sie müssen irgendwann nach einer großen Sternen Explosion, einer Supernova wieder frei werden. Kühlen die Überreste ab und sammelt sich der Sternenstaub dann zu einer neuen Sonne mit vielen Planeten, können sich die Elektronen mit den Elementen zu neutralen Atomen vereinen. Sie sind jetzt so viel mehr als nur Protonen und Elektronen, aus denen sie immer noch bestehen.

Selbst eine Supernova, die nur bei den wirklich großen ersten Sonnen passiert, wird gebraucht, um die restlichen Atome, die schwerer als Eisen sind, noch zu fusionieren. Das so ein eigentlich sterbender Stern noch eine so wichtige Voraussetzung für unser Leben bildet, ist auch wieder unbegreiflich. Wie kann man in so chaotischen, extrem schnell ablaufenden Supernova-Explosionen, sich noch so viel Wichtiges abspielen? Physikalisch ist auch das nur schwer nachzuvollziehen.

Wir wollen hier aber mit Absicht nicht zu sehr in die physikalischen Details gehen, um mehr die Kompliziertheit all dieser notwendigen Schritte hervorzuheben, die wir brauchen, um immer göttlichere Wesen zu erschaffen. Alle Erklärungsmodelle ohne sinnstiftende Netzwerke haben im Kern etwas Unbefriedigendes. Wir können einzelne Abläufe wie eine Supernova oder eine Akkreditierung von Staub zu Planeten, so isoliert betrachtet, auch immer mit physikalischen Methoden beschreiben,

Erklärungsmodelle dafür finden. Und doch bleibt, mit etwas Abstand betrachtet, die Verwunderung, dass dies alles so gezielt und fast gesteuert auch passiert ist. So raffiniert angelegt und so bedeutungsvoll, dass es sehr schwerfällt, keine fremde Intelligenz dahinter zu vermuten. Im Gegenteil, bei fast allem scheint es immer noch etwas darüber hinaus zu geben und dieses Unbehagen würde sich mit den bewusst steuernden Emergenzen der Netzwerke sofort zerstreuen.

Wir sind dann nicht allein. Das Auge, zwar nicht eines Schöpfers, aber doch von großen alten vernetzten Strukturen hätte uns im Blick. Kein allmächtiger Gott, aber doch ein Netzwerk, welches begrenzt Einfluss auf die Himmelsobjekte nehmen kann. Ein System dem an uns gelegen ist, doch nicht aus einer souveränen Art von oben schauend, sondern eher aus einer Verzweiflung heraus, immer wieder mit den begrenzten Mitteln, die Möglichkeiten zu verbessern, Unheil abzuwenden und Fortschritt zu begünstigen. Mehr aus der Hilflosigkeit innerhalb der physikalisch einschränkenden Gesetze. Vielleicht sind die geistigen Emergenzen, auch die zu anderen Sonnen, viel weiterentwickelt und intelligent, aber vielleicht auch nicht. Wir sollten da besser nicht zu viel hineinlegen, denn es reicht schon ein sehr kleines Bewusstsein und ein bisschen gesteuerte Intelligenz, um bei der immensen Größe von Allem so viel zu erreichen. Hingegen, ganz ohne eine bewusste Beeinflussung der Objekte, werden wir die Schöpfung nicht schlüssig erklären können.

www.ingramcontent.com/pod-product-compliance
Lightning Source LLC
Chambersburg PA
CBHW020445220526
45464CB00002B/871